# 人生實驗室

## 職涯難題的邏輯圖解說明書

U0020517

蕭俊傑─科學X博士 著

# 用科學態度，思考人生問題

蕭俊傑—科學 X 博士

　　相信應該有不少人跟我有一樣的經驗。學生時代學了自然科學，學了物理，學了化學，學到覺得很煩的時候，都會想問自己一個問題：「我又不想當科學家，這些知識未來我很可能根本用不到，那我現在為什麼還要學這些？」。

　　這個問題一直在我心中，直到有天我幸運的遇到了一位很棒的物理老師（吳銘士老師），讓我確實搞懂了大學一年級程度的物理學，從此對於物理不再是似懂非懂、一知半解。得到這個經驗是我人生中一個很大的轉折，它讓我體驗到兩件很重要的事：首先，當我真的了解了什麼是反作用力、什麼是能量守恆、什麼是熵、什麼是場之後，忽然發現原本只是用來應付考試的科學知識，原來也可以用來幫助思考人生的問題。

　　另外一點，從小到大，我不知道聽過多少老師教過反作用力，為什麼一直要到吳老師教我我才懂？後來我才深深明白，同樣一個公式，老師「想辦法讓學生懂」的能量不同，呈現出來的強度也會差很多。同樣的，用科學方法思考人生問題一直是我很喜歡的方式，我也一直在「想辦法讓大家懂」我在想什麼。直到有一天，我接觸了忘形流這樣的圖文簡報，這時候我忽然知道，我要怎麼讓大家懂了。

　　講到這裡，可能有人會覺得「哪有這麼簡單」、「人生要考慮的還有很多」。沒錯，這本書給大家的，肯定沒辦法解決所有問題。但是在碰到一

些重要關卡，在面對一些人生選擇時，如果能有一些有跡可循方法與步驟，來協助自己進行人生問題的思考，那一定是比「憑感覺」、「到時候再說」這樣的處理方式，來得理性很多。

我倒不是想講科學可以解釋人生中的一切，我只是相信不管是科學也好、商管也好、藝術也好、體育也好，只要認真學習，都可以在每個領域中，感受到一些這個學門的核心理論與人生道理的關係。我只會科學，所以，我想用科學的方法，來跟大家分享人生中的點點滴滴。

我期待的，不只是這本書剛好解決了你現在的難關，而是在你讀完這本書之後，能夠把這本書訴求的科學態度，加一點點到你原本自己的思考習慣裡面。這樣一來，或許你就可以用一個全新的思考方式，來面對還在未來等著你的新問題。

# 打破認知框架，分析人生的更多可能

張忘形—溝通表達培訓師

蕭博士（科學 X 博士）是我的忘形流簡報班學員，他上過課程之後，就把大量的想法製作成一個又一個的微簡報，每週都產出，比我這個教微簡報的還要認真。

但重點不是量，而是簡報中提供的想法。X 博士的簡報常常都是一個我們都有的想法，例如怎麼樣才是一個爽缺，要不要找個鐵飯碗，興趣能不能當飯吃等等。

這些看似只是個人選擇的背後，其實都有很多的因素和考量的點，X 博士往往能夠將這些考量點，甚至是思考上的矛盾整理好，用最簡單的故事講給你聽。所以我必須說，在人生的路上，X 博士才是我的老師。

因為人生的選擇必須付出代價，像是當我們工作不開心，我們會思考要不要離職？但離職後要幹嘛？我能不能找到更好的？會不會後悔等等。

這時，我們常常想破了頭也找不到答案，找人討論卻也覺得好像不是自己想要的。因為我們的選擇，常常是自己的想法與直覺。而當開始詢問別人意見的時候，又容易陷入價值觀不同的兩難。

然而，X 博士的這本書，就是為了解決這個問題而生。迷惘的關鍵，就是因為人生沒有回頭路，當嘗試的成本太高，每個選擇都會讓我們害怕，也就更容易讓我們留在原地。

我從前花了很多時間摸索，閱讀，思考，才慢慢找到屬於自己的方向。而我後來發現，我們缺的其實不是答案，而是有跡可尋的分析，所以必須靠著大量的時間與經驗來摸索。

　　我特別喜歡這本書人生實驗室的這個概念，如果能夠把所有的因素寫下來，在不同的選項和思考中，預先實驗出不同的人生路，也讓我們的選擇有依循的方向。

　　所以，X 博士已經把可能的路徑，前人的經驗，需要的因素，發生的變因通通寫在其中，只要花一點點時間，將你的想法寫下，就能夠用幾小時，甚至幾分鐘，實驗出可能人家必須花上好些年才會摸索出的結果。

　　而我讀這本書最大的「啊哈」，是這本書不是告訴你答案，而是不斷打破我們的認知框架，告訴我們人生有更多的可能。我想這也是科學中大膽假設，小心求證的精神。

　　如果你準備好了，讓我們一起把我們人生的想法丟進書中，實驗出我們人生中更多的可能吧！

# 理性分析後，建立更強大的感性力量

Esor—電腦玩物

我常常喜歡跟別人說：「人生如果是依靠一股衝勁，想要憑著自己的決心、熱情去完成事情，無論是工作或生活的目標，最後很容易失敗收場，因為決心、熱情這些感性因素是消逝得最快，最不可靠的東西。」

但不是感性不重要，而是如果我們可以先透過理性分析，找到開始實踐目標的具體步驟，真正開始去做，並且有效果的去做。那麼這時候，我反而可以在逐步獲得的成果中，建立我們堅不可摧的決心與熱情的基礎！

而且這樣的理性分析，其實並不難，並不違反人性。反過來說，想要憑著沒有根據的感性力量去達成目標，反而才是最難的、最違反人性的。

這時候，我認為蕭俊傑博士的這本《人生實驗室》，是最好的解藥。

作者發揮他科學家的思考技巧，深入淺出的帶領我們逐步去理性拆解那些人生困境，設計出一道一道的習題、一張一張的圖表，讓讀者可以跟著去分析自己的問題。

然後，幫助讀者找到人生中跨出下一步的那個方法。

這是一本幫助你可以在人生困境中跨出下一步的書，用理性分析，找到那個最簡單，但最有效的選擇，然後當目標真正開始推進，我們會找到那個更強大的決心、熱情的感性力量。

# 人生實驗室使用說用書

　　小時候，爸媽常會告訴我們一些寓言故事，希望我們從故事中了解一些道理，思考一些問題。長大後，爸媽不再說故事給我們聽，但我們卻有更多道理需要了解，更多問題需要面對。

　　振奮人心的心靈雞湯，成功人士的經驗分享，都含有許多可以讓我們進步與成長的養份。只是這些養份卻未必適合每個人不同的狀況與體質，對有些人來講可能很有幫助，但對有些人來講，可能完全無法消化，無法吸收。

　　本書有 16 個章節，每個章節都有兩個部份。前半段會有一個圖文小故事，我把它稱為「X 博士微簡報」。在小故事中讓大家思考一些人生中可能碰到的問題，也讓大家可以用不同的觀點，不同的角度來看看事情。

　　後半段是一個實驗，這個部份將會讓問題回到每個人自己身上。用科學、邏輯、理性，有跡可循的步驟，將問題抽絲剝繭，就像學生時代在學校的實驗室裡一樣，用做實驗的方式來面對人生的問題。

　　如果人生的問題可以有一本說明書，那這本說明書不應該是告訴你人生的答案，而是教你一套方法。你可以用這套方法，代入自己的問題，加上自己的參數，配合自己的

需求，衡量自己的能力，然後找出一個跟別人不一樣，但是卻完完全全屬於你自己的「解」。

## 理性之外，感性也很重要吧？

　　或許會有人說，「把什麼事情都畫成流程圖，把什麼問題都做成分析表，那人生不就死板板，沒有感情在裡面了嗎？」

　　舉個例子來說：考慮買一台新車，考慮買一雙新鞋，除了考慮實不實用，考慮耐不耐久，考慮 CP 值高不高之外，買了它讓自己爽不爽，買了它有沒有讓自己覺得很有面子，買了它是不是讓自己有滿足感，在我看來，這些同樣很重要。

　　這本書想要的並不是大家只考慮實用、耐久與 CP 值，而是希望我們能夠透過有條理的分析與整理，把爽、面子、滿足感對自己的重要性一起放進來考量，同時也清楚認識自己有多少能力、多少籌碼，進一步衡量自己願不願意為上述的一切，付出相對應的代價。

　　用上面的科學方式來看「要不要買、買哪一個」這樣的問題，是不是比用「看心情、憑感覺」，更能有條有理得到屬於自己的答案？

　　所以，這本書在談的理性，我想講的意思是：

**把理性加上感性一起思考，就是理性**

── 實驗001 ──

# 方向

## 人生的目標是什麼？

西遊記的故事，大家都有聽過

但是其實裡面還有一個寓言小故事

有一天，唐僧到「計程馬行」想找一匹馬

這匹馬，要陪唐僧一起到西方取經

知道了這件事，馬兒們開始交頭接耳

聽到要去那麼遠的地方，大家都紛紛退避

大部份的馬兒，都不想跟唐僧一起去

其中有一匹白馬，也知道唐僧需要幫忙

想想自己也沒什麼事，去西方看看也不錯

於是便自告奮勇，跟著唐僧出發了

日子一天天過去

白馬終於跟唐僧一行人取經回來了

白馬的好朋友們，也歡迎牠回家

白馬完成了所有馬兒都無法完成的壯舉

白馬也成為馬群中的成功人士

有一匹馬問白馬
「你去西方，一定超辛苦吧？」

沒想到，白馬回答

「說真的，其實還好耶…」

馬會累，人也會累

白馬一天能走的路
其實跟城裡的馬也差不多

但白馬做的，有一點跟大家都不一樣

白馬每天走的路，都是往同樣的方向

很多人同樣每天努力工作

但有人努力後有成就
有人努力後還是在原地

大部份的人不是不努力
而是努力的沒有目標

每天打開email，等著老闆餵你指令

這些指令決定了你生命中的每一天

今天往東衝，明天往西跑

東奔西跑，日復一日

達成了公司工作目標的同時

有沒有也讓你更靠近自己的人生目標？

盡忠職守、善盡本份
絕對是應有的工作態度

但工作除了薪水，還有它更重要的意義

這份意義，是你人生真正追求的目標

這份意義，擁有比薪水更重要的價值

這份意義，才是你人生要堅持的方向

不知道努力有什麼意義
那你一定要趕快把它找出來

X博士微簡報
唐三藏的白馬

**沒有目標的努力，只會讓你不斷在原地踏步
定清楚你的方向，讓每一步前進都更有意義**

科學X博士

**人生實驗001
你很努力，但是你成功了嗎？**

　　想像一下有天下午，你到了一間咖啡店，看到旁邊有位年輕人，手裡拿著一本最近很紅的成功人士所寫的書，雙眼炯炯有神的在讀著這本暢銷巨著。想想自己也是喜歡學習的人，看到一個成功人士出了新書，或者是舉辦了演講，只要有機會，你也會非常樂意了解成功人士們的成功之道。這位年輕人所感受到的感動，以及他所懷抱的熱情，大概你也可以理解。

　　過了不久，這位年輕人把這本書蓋了起來，拿起桌上的咖啡喝了一口。同樣喜歡學習的你，能不能想像年輕人在想什麼呢？

年輕人可能在想：

> **1. 這本書真好看，他真是個了不起的人**
> **2. 我要繼續充實自己，多看看別人是怎麼成功的**
> **3. 我也想要成為成功的人，我可以怎麼做？**

　　這三種想法都很常見，這三種想法也都很正面，但這三種想法的背後，其實代表了三種不一樣的態度，三種不一樣的後續動作，還可能有三種不一樣的結果。

**想法一：成功的人真厲害**

　　第一類想法仔細分析一下，這類想法的需求只是在感受成功人士的熱血與努力，就像看了一部精彩的英雄電影一樣，對主角投以讚嘆與敬仰。然後，就沒有然後了。這樣的人，只是把學習當做是一種「休閒」的手段而已，真實世界中的成功人士跟電影中的主角一樣，只是一個遙不可及，甚至是與自己沒有任何關係的對象而已。

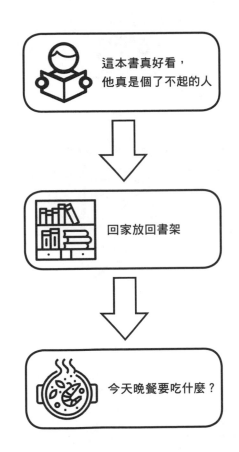

這本書真好看，他真是個了不起的人

↓

回家放回書架

↓

今天晚餐要吃什麼？

## 想法二：努力學習、學習、再學習

　　第二類想法，確實知道自己的目標是學習，在充實自己的
過程中讓自己得到滿足感，而學習的過程也確實讓自己有所
收穫。然而，成功人士出現後，還會出現下一個成功人士，
吸收完新知後，永遠還會有更新的新知。學無止境，而大家也陷入了無止
境的學習。學了半天，期待幻想某一天會用到這些知識。好了，持續努力
的終身學習，然後呢？

我要繼續充實自己
多看看別人怎麼成功

看到其他神人出新書
或神人有演講，立馬
購買手刀報名

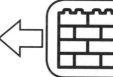
任何學習都是累積
有一天就會有用

用心學習、勤做筆記
認真吸收

心中充滿無限感動
學習滿足感破表

**想法三：找到自己的目標，找到自己的方法**

第三類想法，是最少人有的想法。這樣的人努力有方向，學習有目標。除了多看、多聽、多學習，除了苦幹、實幹、努力幹，更重要的，是知道自己為何而學、為何而幹。

看到某位神人的成功
我也想到一件我想做的事
這件事變成我的目標

 看到跟目標有關的
新書與演講，立馬
購買手刀報名

 學習之後，朝向目
標具體做出行動

 以目標為大方向，
不斷調整、嘗試、
修正、學習

 在循環中不斷向前
越來越接近目標

## 想達到目標，有沒有方法？

　　每個人的學習資源有限，能量有限，時間有限，錢更有限。比起努力，更重要的是，你的努力有沒有朝著相同的大方向在努力。目標清楚，方向對了，你就會朝著成功一步步的前進。

　　每個人的人生目標不同。會拿起這書本的人，大概都是喜歡學習，也希望能夠讓自己透過學習而有所成長的人。但，每個拿起這本書的人目標不同，對成功的定義不同，更重要的，是每個人的背景不同，每個人的籌碼不同，每個人能為目標所做的付出也不同。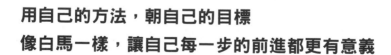

　　因為每個人會有自己朝目標前進的不同規劃，每個人也會有每個人朝目標前進的方法，同樣的方法不可能適用於每個人，可能會有一種方法只會適用你，而不適用於其他人。

　　　　屬於你的方法，如果你還不知道
　　　　那這本書會透過實驗的方式，一起陪你把它找出來

**用自己的方法，朝自己的目標**
**像白馬一樣，讓自己每一步的前進都更有意義**

— 實驗002 —

# 穩定

**對你來說，什麼叫做穩定？**

叢林中，有一群老虎

老虎們都非常威猛，在叢林裡所向無敵

其他動物都很怕老虎，碰到了都紛紛走避

雖然老虎非常厲害，天天都有獵物可以吃

但不是每次出手都會成功

叢林中最強的老虎，也是追十隻掉八隻

獵物跑掉的比例，其實比追到的還要多

追獵物不只需要花體力，還要動腦筋

雖然不至於餓死，但討生活也是很不輕鬆

就算老虎是無敵，日子也不算穩定

老虎想，如果有一天可以不用再追獵物
可以一直都有肉吃

那樣的日子就真的太美好了

有一次，老虎聽到一個消息

有個地方，天天都有吃不完的牛排

那個地方，可以讓你生活穩定

那個地方，每天的工作也很單純

在那邊，每天只要一直跳火圈就可以了

很多人，都希望有一份穩定的工作

公務機關、學校單位
似乎是很多人心中穩定工作的代表

既然穩定這兩個字是如此的珍貴

那你想追求的穩定，絕對也要你付出代價

一份工作，會占去你生命中大部份的時間

一份工作，是不是真的只要穩定就好？

這篇微簡報不是心靈雞湯，我不會告訴你
生命走到哪都有它的意義

這篇微簡報是要你思考，這份穩定
值不值得你用生命中最珍貴的時間來交換

如果老虎真心喜歡表演，真心喜歡馬戲團

那我會全力支持老虎，順著熱情全力發展

如果老虎只為了追求穩定而進了馬戲團

等到十年後，老虎會不會又回頭想

如果沒來這裡，這一生會不會過得更精彩？

為了生活有保障，值不值得你放棄自我
做一件你沒有很喜歡的事？

為了生活有保障，你願不願意放棄熱情
過著沒有靈魂的生活？

更何況，你怎麼能確定
這份工作真的會穩定到你退休

真正的穩定，不是外在環境所能給你

真正的穩定，要靠不斷自我成長與進步

真正的穩定，是讓自己擁有更高的價值

這樣的穩定，才是真正最適合你的保障

X博士微簡報
最穩定的工作


### 珍惜你的天賦，別輕易埋沒你的潛力
### 別讓盲目追求的穩定，消耗你最寶貴的一生

科學X博士

## 人生實驗002
## 你想要的穩定，要怎麼到達？

「考慮一份工作的時候，你會考慮什麼？」如果沒有稍微多思考一下，很容易就馬上回答出下面這樣的答案：

| 我會考慮 | 我的期待 |
|---|---|
| 薪水 | 薪水不能太少 |
| 環境 | 工作環境不能太差 |
| 時間 | 工作時間不希望太長，希望時間自由不要被綁住 |
| 地點 | 希望不要離家太遠，希望在某個自己喜歡的城市，甚至是喜歡的國家 |

也有另外一種答案，就是像前面的微簡報一樣

找工作，穩定就好

微簡報中點出的思考方向，著重在於不要只是為了人生中的穩定，而放棄了自己的夢想。不過大家千萬不要誤會，我並沒有說「穩定」不重要，這邊要討論的是，穩定到底是一個目標，還是其實是一個條件？

☑ 穩定
☑ 事少
☑ 錢多

**當你想要穩定時，你的意思是什麼？**

來討論一下穩定這兩個字代表的意思，當我們講到誰誰誰的工作很穩定的時候，大概指的是滿足了以下條件：

☑ 每個月都會有薪水，薪水不會有太大的變動
☑ 工作中沒犯什麼大錯，大概就不會被fire
☑ 工作的這個單位不會倒，理論上一直都會在
☑ 按步就班的工作，就會依一定的比例加薪，然後退休

再換個方式講，當得到了一個穩定的工作後，基本上就可以不需要為了下個月會不會沒有薪水而擔心，一直到退休都不用再為找工作而傷腦筋。我想大部份的人心裡面，講到穩定工作的時候，大概就是這個意思。

 但我想要講的是，找工作的時候
穩定到底是條件，還是目標？

這有什麼不一樣？

| 穩定是條件 | 穩定是目標 |
|---|---|
| **心中的想法** | **心中的想法** |
| 如果有個工作可以滿足穩定的條件，那就先選這個工作 | 我有我想要做的事，做這件事可以一直有穩定的收入 |
| **該努力做的事** | **該努力做的事** |
| 想辦法讓自己可以得到一個穩定的工作 | 讓自己喜歡做的那個工作變得有價值，一直有收入 |

## 穩定是條件，穩定是目標，有什麼不同？

如果穩定是條件，那學校單位、公家機關，還有部份的大公司，就剛好符合了這樣的條件。進了這些單位，的確很有可能一輩子就再也不會沒工作。如果你喜歡，那你要努力想辦法把自己弄進去。先講，我並沒有覺得追求穩定的工作不好，也沒說進學校單位或公家機關不好，我們要討論的，是這條路「該怎麼走」而已。

如果穩定是目標，那講的就是讓自己的工作有價值這件事。這就不限於怎樣的單位機關、怎樣的業種、怎樣的職位，只要在自己的崗位上做出你的專業，創造出你的價值，那時候就會有人為了這份價值而買單，而買單的人多到了一定的程度，同樣會讓你得到穩定的收入。

從心境上來看：

如果穩定是條件，那比較接近
我想要的是不需要擔心收入，不需要擔心
生活開銷的安定感

如果穩定是目標，那就比較像
我想要做我喜歡的事，經由這件事讓我
有穩定的收入，同時擁有完成它的成就感

有時候也會有非常理想的情況產生，舉例來說，就像是真心喜歡當老師的人，想要經由教育工作創造出自己的價值，經由這份價值讓自己生活達到穩定的目標。這過程的努力得到了學校單位的正職工作，而剛好這份工作也滿足了穩定的條件。穩定是目標，也是條件，兩者同時成立，這是非常完美的狀態。

## 穩定之路，你走到哪裡了？

　　如果自己也想追求穩定，但卻還沒有在這個完美狀態中，那你可以看看下圖，檢查一下自己正在哪一個狀態？

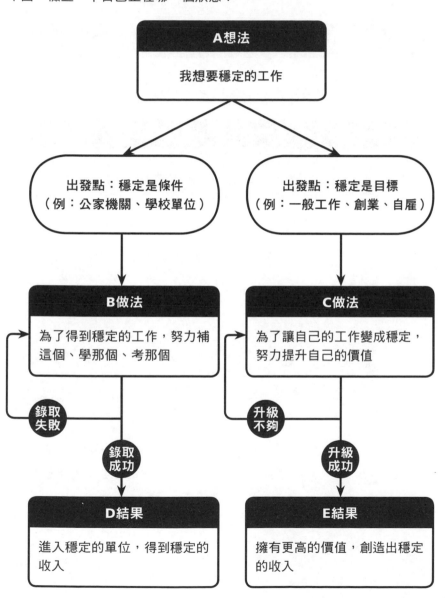

回到馬戲團的微簡報故事，如果看完了覺得很有感覺，那這樣的人很有可能是屬於 A、B、C、D 其中一個階段，因為 E 已經是做自己喜歡做的事情，而且已經做到一個穩定的理想狀態了。

## 狀態不同，煩惱不同

A、B、C、D 這四種狀態，很有可能對應到四種不同的煩惱。

| 狀態 | 可能的煩惱 |
|:---:|---|
| **A** | 不知道要先追求穩定（把穩定設為條件），還是先追求理想（把穩定設為目標）？ |
| **B** | 清楚知道自己把穩定的工作設為條件，但過程一直不順利，沒辦法進學校或公家單位，不知道該不該試試一般的工作？ |
| **C** | 在一般的工作做得很煩，或是創業過程不順利，希望能在學校或是公家單位服務，再也不用為生活擔心 |
| **D** | 已經得到了穩定的工作，但又覺得生活中缺少些什麼，忍不住會想如果自己是在其他地方工作的話，生活會不會更精彩？ |

**不同階段的煩惱，不同的面對方式**

追求穩定的路上，到達不同的狀態，會有不同狀態所對應的煩惱。面對這些煩惱，怎麼辦？

 **煩惱A：先追求穩定，還是先追求理想？**

如果是煩惱 A，而且也真的兩條路都不排斥，我會建議先朝自己喜歡做的事前進，也就是朝 C 的那條路走，先想辦法感受一下自己對自己喜歡的事到底有多喜歡，願意為喜歡的事付出多少、承受多少。如果很順利，你能在你喜歡的工作中走出一條路，那你有一天一定會走到 E 這一個階段。萬一真的不行，你的煩惱也會從 A 變成 C，你可以跳到 C 的那一步來解決。

反之，如果你先選了穩定工作這條路，一旦你進去了，很可能就像老虎進了馬戲團，失去了在叢林生活的能力，走到「回不去了」這個狀態。C 比較寬，B 比較窄，如果都不排斥，先走 C，不行再走 B。

 **煩惱B：我想要穩定的工作，但好像有點難…**

 如果是煩惱 B，其實選擇比較少，因為以穩定為條件的工作通常有一個很明顯的門檻，它可能是一個考試，需要得到一個資格，需要有一張執照或證照才可以。這個門檻對你來說如果真的太高，太難跨越，那或許有可能這是一個自己達不到的境界，再勉強也沒有用。你可以為自己設一個停損點，再考幾次，再試多久，如果不行，就必須選擇放棄。

## 煩惱C：追逐理想真的好累，不需要為未來擔心真好

如果是煩惱 C，那代表你可能對現在在做的事感到厭煩，努力到一個程度，有點疲乏，有點「我不想再這麼辛苦的追逐理想了」的感覺。這時候，當然可以雙管齊下，試著在現有的工作狀態下，努力充實自己，透過考試或是取得執照與證照，進入 D 的狀態，讓自己不用再為生活而煩惱。當然，這需要付出更多的努力才有可能。又或者，能不能把你的厭煩做一些剖析，參考本書後面的實驗 010「工作不開心，怎麼辦？」，把真正讓自己覺得辛苦的點排除。

## 煩惱D：如果我沒在這裡，我這一生會不會更精彩？

如果是煩惱 D，基本上已經是到了「不用為生活煩惱」的階段，煩惱的不是物質，而是精神上的滿足。D 是一個相對於一般工作較安穩的環境，這環境中的生態也與一般工作不同。原本以為只要有了穩定的工作，我就安心了，我就上岸了，我就一切都滿足了。殊不知等到物質滿足了之後，又煩惱起精神上的不足。「先求有，再求好」，「有」但還覺得「不夠好」，那可以在保持「有」的狀態下，繼續往「更好」的方向前面。這可以在本書後面實驗 013「興趣，能不能當飯吃？」章節，找到可以努力的方法。沒到過 D 的人可能不太容易了解這種煩惱，這種感覺在下一個實驗，有關「爽」的代價，可以讓大家感受一下。

**穩定可以來自單位給你的保障**
**也可以是自我價值的提升**
**清楚你要的是什麼，你的努力，才會在對的方向**

# 盲點

## 爽，到底是什麼？

前幾天，我到一所大學去做職涯演講

我問了同學，大家想要什麼樣的工作

大家舉手，回答了各式各樣的答案

有一位同學，不知道是不是開玩笑
他舉手回答我⋯

「我想要一個爽缺」

我相信，這個世界真的存在爽缺

追求更爽的工作，我也不覺得不應該

更爽的人生，說實在我也很想要

但，更爽的工作，卻未必帶給你更爽的人生

你進了爽單位，你同事的工作也都是爽缺

要訂哪家飲料，是爽缺群組重要的話題

爽爽過一天是一天，積極過一天也是一天

訂飲料是大家每天的重點
喜不喜歡這樣的生活，只能由你自己回答

你可能會覺得，我人生無大志
大家一起爽，不就是人生最美妙的事嗎？

你會這樣想，別人也會這樣想

爽對你重要，對你同事也同樣重要

你要繼續爽
你的同事，大家也都想要保護他們的爽

大家工作的目標，不是為了讓公司前進

大家工作的目標，只是確保工作不要有瑕疵
讓自己可以一直爽到退休

有一天，你的業務造成你同事工作增加

有一天，你的職務阻礙到同事爽的目標

你的同事，會不會用盡一切的方法
來阻撓你工作的進行？

上班就是爭爽，是你要的工作內容嗎？

上班就是爭爽，你能期待有什麼進步？

你一定有聽過很多成功人士都會講

他們最感謝的，就是工作中最大的逆境

這樣的逆境，帶給了他們最大的成長

我沒有要大家，故意要找苦工作、爛工作

我只想告訴大家
爽缺，未必是人生中最爽的終點

一個人的工作，會占去生命中很長的時間

工作的意義，是不是只有追求爽？

成就感、影響力、你的天賦、你的熱情
這些是不是對你一點都不重要？

我不想說冠冕堂皇、似是而非的漂亮話

有一天，我也希望可以過更爽的生活

但我想要的爽，不是待一個爽缺天天爽過

真正的爽，是做自己真正想做的事
然後還可以得到滿意的收入

爽可以靠運氣，也可以靠門路
爽可以靠熱情，也可以靠實力

運氣與門路，都是可遇不可求

熱情與實力，卻是掌握在你自己

珍惜你的天賦，找到你的熱情
創造最適合的位置，成就你人生最爽的缺

科學X博士

## 人生實驗003
## 你想像的爽，是不是個誤會？

　　每個人心中，都有屬於自己的理想生活，但追求的這份理想，自己有沒有忽略了什麼？沒注意到什麼？導致我們追求了半天，結果卻不是自己想要的。

關於理想生活，可以確定的是：

☑ **每個人，都想要過更理想的生活**
☑ **每個人，對理想生活有不同的標準**
☑ **每個人，達成目標的方法都不相同**

關於理想生活，會有疑問的是：

☑ **你的理想生活，有沒有具體的標準？**
☑ **你能不能明確的說出理想的每個細節？**
☑ **你想要用什麼方法，達到想要的理想生活？**
☑ **你是不是清楚知道，這樣的生活要付出的代價？**

　　你的人生目標，是一個真正的具體目標，或者只是你未經多想，隨口亂亂說的想像而已？

　　我不是你，沒辦法幫你檢查你的目標，但我可以用一個方法，來協助自己釐清「沒有想清楚的目標」，好讓我們避免花了過多的力氣，去追求一個根本就不存在的天堂。

**用「他人角度」檢驗自己目標**

　　講別人的事都比較簡單，談自己的事，總是很容易加入自己一廂情願的想法。如果可以用「講別人的態度」，來檢視自己的問題，那就比較有機會切中問題的核心，同時又符合自己內心的想法。我們就用以下幾個例子來看看：

 **我想嫁個有錢老公，當個貴婦**

　　我們常聽到有女生會講：「我的理想生活就是有一天嫁個有錢老公，當個貴婦就好了。」現在就以「當貴婦」做為例子來練習看看，你做為一個「他人」，會去如何找出這個目標的缺點？

| 目標 | 別人會怎麼挑毛病 |
|:---:|:---|
| 當貴婦 | 有錢老公容易外遇 |
| | 婆婆不好相處的機會大 |
| | 被逼要生男孩 |
| | 要被迫服待公婆 |
| | 一大堆親戚要交際 |
| | 沒有自由 |

## 我要錢多事少離家近

我們再用一個例子練習看看。常聽到這樣的人生目標：「錢多事少離家近，位高權重責任輕」。現在我們把它當做是別人的目標，來看看能不能挑出這個大家的目標，有沒有什麼缺點？

| 目標 | 別人會怎麼挑毛病 |
|------|------------------|
| 錢多 | 錢太多的缺點，我想再怎樣大家也都很願意接受，跳過 |
| 事少 | 整天太閒，同事也閒，大家一起混日子，沒有長進 |
| 離家近 | 每天都在家附近，上班下班都在附近，天天從早到晚都在一樣的地方生活，連三餐都吃一樣的 |
| 位高 | 需要跟很多長官往來，會議一堆，交際場合一堆，應酬一堆 |
| 權重 | 重要的決策都要經過自己，萬一有一天同事或下屬出了什麼包，自己也脫不了關係。權力大的人容易有人來關說送紅包，人情壓力大，紅包不收不給面子，收了的話哪天被爆料，說不定一生就毀在這了 |
| 責任輕 | 沒有責任代表沒有壓力，工作對公司可能不是那麼重要。天天坐領乾薪容易遭人忌，很容易莫名其妙就成為箭靶 |

好，現在換你練習了。把你的人生目標列出來，再用別人的眼光來幫自己挑毛病吧！

| 目標 | 別人會怎麼挑毛病 |
|---|---|
|  |  |
|  |  |
|  |  |
|  |  |
|  |  |
|  |  |

有一好就沒兩好，任何事情都會有正反兩面。天下沒有白吃的午餐，任何一個自己想要追求的目標，通常也都會伴隨一些需要付出的代價。每個目標如果足夠明確，同時也確實想清楚，自己為了達成目標的同時，也願意承受這些目標所要付出的代價，那麼，你才有資格放手去拚，繼續努力朝著自己的目標前進。

**善用自我天賦與熱情，珍惜每個有可能的機會**
**創造自己感覺最爽，也最獨一無二的爽缺**

— 實驗004 —

# 煩惱

## 什麼才是對的選擇？

人的一生，常常面臨許多選擇

學校、科系、職業、對象
這些選擇常常大家都會面對

面對選擇時，我們都會忍不住這樣想

「我這樣做，到底對不對？」

於是我們開始尋求解答

問老師、問長輩、問朋友、問過來人

大家都會給你很多想法與建議

這些想法與建議,聽起來也都有道理

但重點是,這些想法與建議
常常沒有解決你的問題

明明是好的建議，為什麼問題還在？

只是想找個答案，為什麼這麼難？

因為你的問題本身，就是問題

我們從兩個角度來看這問題

一、什麼是「對」？

大家覺得對的事，你未必會覺得對

大家喜歡的生活，你也未必會喜歡

所以當大家告訴你應該怎麼做時
你當然沒辦法照單全收

你會對這個選擇這麼猶豫
那表示這個選擇對你很重要

既然這個選擇對你這麼重要
那大家告訴你不要做，你會聽嗎？

你一定聽過一句話

「一切的安排，都是最好的安排」

你要花時間的，不是決定要不要做這選擇
你要花時間的，是把它變成最好的選擇

**你覺得對的結果，就是你要的結果**

二、為什麼一定要都「對」？

考試的題目，通常都有正確答案

人生的路上，沒有人知道什麼是正確答案

這個選擇，是藏你心中一塊未琢磨的原石

你要做的是趕快拿出來磨一磨
看看會不會變寶石

磨不出東西就趕快丟掉
不要留戀，旁邊還有很多原石在等著你

你可以失敗很多次，但只要成功最後一次

比做出錯誤選擇更嚴重的
是明明對現狀不滿意，卻又不敢做出選擇

人生最痛苦的，其實不是失敗

人生最痛苦的，是我本來可以

你想中樂透，那你有沒有買樂透？

除了許願，你為你的目標做了什麼？

X博士微簡報
錯誤的選擇

**人生只有一次，別讓未來充滿後悔**
**勇敢做出行動，讓你的決定成為最佳選擇**

科學X博士

## 人生實驗004
## 這問題，為什麼讓你這麼煩？

回想一下前一次與朋友的聊天，你聊到：「我最近碰到一個問題…」、「有個問題我不知道怎麼辦…」、「我這陣子一直在煩一件事…」

世界上到處充滿問題，每個人生活中也都是問題，但你注意一下，讓你覺得不知道怎麼辦，讓你覺得很煩的問題，通常不是因為這些問題非常嚴重，而是因為這些問題有個共同特性：它是「有解」的問題！

你或許不會為了全球暖化、台美關係心煩，雖然這些事肯定對我們的未來非常重要，但這些問題你覺得能幫上的忙不多，甚至是你覺得你根本幫不上忙，所以這些攸關生死的大問題，你可能反而沒那麼煩。

真正讓你心煩的問題，通常是來自工作、朋友、長輩，甚至是另一半。

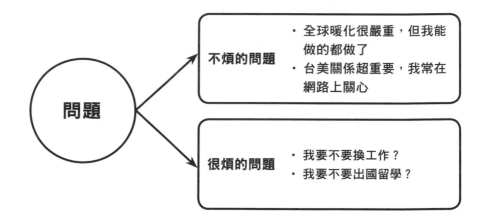

## 那些有解的問題

　　有解的問題就有解，無法解、不想解的問題就不去解，那些真正讓你有感覺，會讓你心煩的問題，正是那些你能力範圍內可以解決的，只要下定決心就可以解決的問題。而你卻因為某一些因素，一直把那些問題放在那邊，這些問題沒那麼迫切，暫時可以拖，但你也不想永遠拖下去。這些問題讓你陷入兩難，我們把這類問題，統稱為「兩難心煩問題」。

我先用一些例子來介紹兩難心煩問題：

☑ 目前的工作環境不太滿意，但薪水OK還算穩定，現在有另一間薪水較低，但我比較喜歡的公司在找我，我要不要去？這時候在穩定與挑戰間兩難

☑ 我很想讓公司外派出國挑戰自己，但家人希望我一直留在國內怎麼辦？這時候在家人與自我間兩難

☑ 我男（女）朋友希望趕快結婚，但我還想要在工作上多衝刺一點。這時候在婚姻與事業間兩難

☑ 我爸媽一定要我大學（或研究所）念那個科系，但我比較想念這個科系。這時候在父母與自我間兩難

　　注意一下，兩難的問題並不都是「兩個選項，很難做出選擇」，有些時候其實是「兩個問題」，我們常把「兩個維度」混在一起考慮。如果把它們整理一下，大概可以套到這樣的句型：

 我在考慮要不要〇〇〇
但我也有點擔心XXX

〇〇〇 = 對原定的前進方向，一直以來的環境現況做出的改變
XXX = 期待另一個未來的機會，但是沒有把握結果會怎樣

## 陷入兩難，可能不是選擇兩難，而是兩個問題

上述中的〇〇〇與×××其實是兩個問題。

〇〇〇是改變現況，×××是面對未來，這是兩個不同維度、不同層次的問題。

如果×××是個絕對好、絕對要，不用猶豫肯定是正確的方向，那你會一直想辦法去突破〇〇〇的問題，來促成×××理想的方向前進，這樣的事情不會讓你心煩。

也就是說，〇〇〇是「要不要改變現況」的問題，×××是「擔心改變了會不如預期」的問題，這才會一直讓你心煩。

 **讓你心煩的，其實是這個**

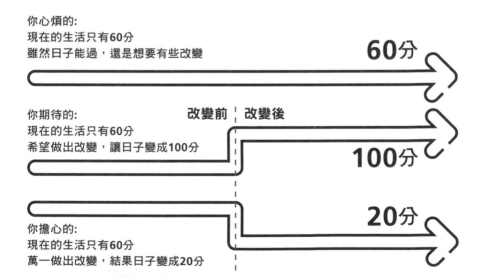

你心煩的:
現在的生活只有60分
雖然日子能過，還是想要有些改變

**60分**

你期待的:
現在的生活只有60分
希望做出改變，讓日子變成100分

改變前 ┆ 改變後

**100分**

你擔心的:
現在的生活只有60分
萬一做出改變，結果日子變成20分

**20分**

066

## 考慮改變需要的付出vs.擔心未來與預期不同

我們把上面的例子重新寫過：

| 〇〇〇<br>考慮改變現況的付出 | ✕✕✕<br>擔心未來出現的結果 |
| --- | --- |
| 放棄現在的穩定薪資去新工作 | 去了新工作，生活變得更差 |
| 違背家人期待，自己出國 | 出國後不是我想的那樣 |
| 忤逆男（女）朋友繼續打拼 | 在工作上花更多時間後，達不到預期的成果 |
| 違背父母期待選自己喜歡的 | 選了自己想選的，結果才發現沒那麼喜歡 |

如果你也有兩難心煩問題，也把它拆解一下：

| 〇〇〇<br>考慮改變現況的付出 | ✕✕✕<br>擔心未來出現的結果 |
| --- | --- |
|  |  |

## 拆解你的心煩

　　〇〇〇與ＸＸＸ是兩個問題，這兩個問題都指向了「心煩」這個狀態。這兩個問題，需要分開考慮，分開處理。現況是你的當下，要從你的現況出發，我們用下面這張圖來拆解這個兩難。

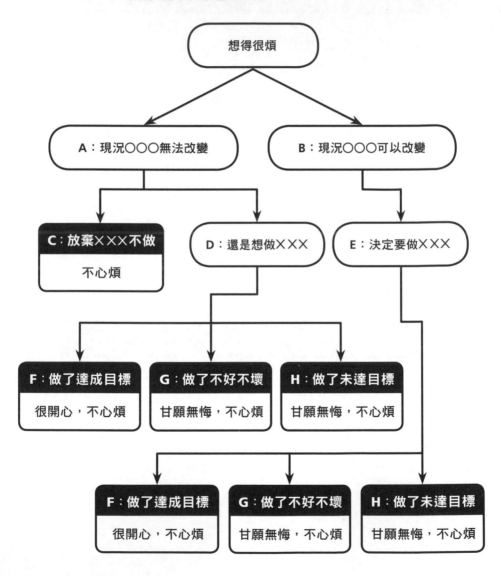

第一步，你的現況是不是真的不能改。當然，不能改包含了不願意改，也就是「怎麼樣都不願意違背父母期待」、「男（女）朋友說的絕對不能拒絕」，這些也算是不能改。或是現在有房貸車貸，有家人要養，所以絕對不可以沒有穩定收入。這些，都叫做不能改，請選 A。

到了 A 這一步，你可以有兩個選擇，首先是 C，就是直接放棄你一直想要的。請注意，這一步的放棄並不可恥，也不丟臉，這一步的放棄只是一個選擇，因為後面的XXX是一個沒有很有把握的事，衡量了OOO，決定不值得為XXX付出、冒險、犧牲。這時選擇了 C，是看清事實， 捨棄了這個選項而已，不代表投降認輸，反而是你放下了這個心煩的事，讓心變得更開闊，更有空間迎接另一個新的XXX。總之，你不心煩了。

如果你還是不甘心，XXX還是一直讓你放不下，那你就是選擇 D 這條路。這時候你需要思考的是「有沒有另外的解法？」。

我們把上面每個問題都試試看：

| OOO<br>考慮改變現況的付出 | OOO2.0<br>代價較低的付出 |
| --- | --- |
| 放棄現在的穩定薪資去新工作 | · 保持現在的工作，拼一段時間以兼職方式接觸新工作，等新工作穩了再辭職 |
| 違背家人期待，自己出國 | · 出國時間縮短<br>· 帶家人一起出國 |
| 忤逆男（女）朋友繼續打拼工作 | · 跟另一半商量婚後繼續保有工作空間<br>· 協調一個雙方可接受的結婚延後時間 |
| 違背父母期待選自己喜歡的 | · 主修父母期待的，再加修自己喜歡的 |

如果你也困在這邊，試試能不能找出你的〇〇〇 2.0：

| 〇〇〇<br>考慮改變現況的付出 | 〇〇〇2.0<br>代價較低的付出 |
| --- | --- |
| | |
| | |
| | |
| | |

　　一旦你走了 D 這條路，也找到了可以緩衝的〇〇〇 2.0，那結果就會落在 F、G、H 其中一個，F 是一切如你所願，開開心心，G 與 H 都是至少曾經付出、曾經嘗試，這三個結果，都不會讓你感到遺憾，感到「當初怎麼沒有試試看」的後悔。

　　如果〇〇〇可以改變，那你會從 B 走上 E 這條路。你還沒走，只是你心中一直還沒決定怎麼走、什麼時候走、要花多少力氣走而已。這種煩只要經過更多思考，然後出發跨過 E 狀態之後就會消失。思考什麼呢？放心，後面還有很多實驗等著你。

### 自己的理想，寧可嘗試後再後悔
### 還是後悔沒有嘗試？

# 因果

## 學位與證照，那是什麼？

不論是演講、受訪或是文章
生涯規劃一直是我很喜歡分享的主題

只要是在大學演講,有個問題常會被問到

我要不要念研究所?

這個問題是個大哉問,很難有標準答案

我是中央大學太空科學研究所博士班畢業
對這話題聊兩句應該還可以

研究所可以給你什麼，我從三個角度來看

一、專業

研究所是大學的延伸

大學讓你廣泛學習，各方面都多多認識

研究所帶你深入了解，成為領域內的專家

二、視野

不同於大學上課下課考試交報告

很多研究所會有論文撰寫的需求

寫論文的過程中，你會碰到很多問題

為了要解決問題，你會認識很多專家

這些問題，無形中擴展了你的視野

三、學位

你的辛苦付出，大部份的人不會看到

你能力很高，不認識你的人也不會知道

於是乎，學位是你的品質保證

學位不是一切，學位也不等於能力
這是非常肯定的

但在其他人完全對你一無所知時
學位卻是一個相對客觀的參考

專業、視野、學位
認真念完研究所，你就可以得到

# 但

專業、視野、學位
卻未必保證你的人生從此一帆風順

研究所給你的專業，未必是未來需要的

研究所給你的視野，在職場可能更精彩

研究所唯一無法取代的，是它的畢業證書

你的價值，非要畢業證書才能證明嗎？

研究所，只是一條路

這條路你可以走、也可以不走
可以大學畢業就走、也可以改天想走再走

你不會因為念了研究所就脫胎換骨

你也不會因為沒念研究所就矮人一截

人生不需要急著贏在起跑點

只要贏在終點，哪裡是起點有誰會在乎？

X博士微簡報
我該不該念研究所？


人生的路很多條，每一條都是不同選擇
認真走好選擇的路，每一條都會是最好的路

科學X博士

你是不是曾經有過這些想法：「我要考上研究所」、「我要拿到這張證照」、「我要努力進那家公司」、「我非要拿下個案子」、「我一定要爬到主管位子」。這些看起來像是個志向，像是個宣誓，像是個目標，不過換個角度看，它們其實隱藏了一個「因果關係」的判斷在裡面。

我把這些誓言後面隱藏的那句話翻出來：

☑ 我要考上研究所，未來找工作就比較有機會了

☑ 我要拿到這張證照，那以後薪水才會比較高

☑ 我要努力進那家公司，只要我進了那家公司，那未來就可以安心了

☑ 我非要拿下這個案子，等到拿到了這個案子，那大家就會肯定我的能力了

☑ 我一定要爬到主管位子，到時候，我就要來推動公司的改革

的確是，完成了前面的條件，人生有可能會進入一個新的階段，達成一個階段性目標。

前面有志向是好事，完成後面的目標也是好事，但這個志向與後面的目標，是不是存在必然的「因果關係」呢？

**會不會努力之後，才發現結果跟一開始的目標根本不一樣？**

我們用下面的圖來看看：

| 因：條件 | | 果：結局 |
| --- | --- | --- |
| 進那家公司 | 想法 A | 未來就可以安心 |

再把上面的想法 A 多推一層，你會覺得進了那家公司未來就可以安心，其實內心是不是潛在隱藏了另一個反向的想法 B：

| 因：條件 | | 果：結局 |
| --- | --- | --- |
| 沒進那家公司 | 想法 B | 未來就不能安心 |

想法 A 是你立下的志向，想法 B 的結局可能是你潛在想要迴避，不想要發生的一件事。為了不要讓想法 B 的結局發生，所以你會朝著讓想法 A 的條件實現，達成想法 A 的結局。

想想看，「為了迴避想法 B 的結局，努力促成想法 A 的條件」，這樣做，對嗎？

條件是你設的，目標是你設的，中間的想法也是你想的，我們現在來檢視一下這個想法的因果關係到底「夠不夠強」？

在邏輯學上,有著用來形容條件關係的四個字,「若 P 則 Q」。放心,本書的目的是要大家輕鬆的消化,所以這邊就直接用簡單的例子來說明。

想想看,在一個正常的房間裡面,電燈有沒有打開,跟房間亮暗的關係是怎樣:

| 因:條件 | 想法 C | 果:結局 |
|---|---|---|
| 電燈打開 | → | 房間是亮的 |

把想法 C 反過來會變成這樣:

| 因:條件 | 想法 D | 果:結局 |
|---|---|---|
| 電燈沒開 | ← | 房間是暗的 |

但可能有人會覺得想法 C 的相反應該是這樣:

| 因:條件 | 想法 E | 果:結局 |
|---|---|---|
| 電燈沒開 | → | 房間是暗的 |

很明顯,想法 E 是不成立的。因為就算電燈沒開,只要不是晚上,房間也不一定是暗的。但想法 D 就比較強,因為不管白天或晚上,只要房間是暗的,燈一定就沒開。

只要想法 C 是成立的,那想法 D 也會是成立。想法 C 與想法 D 是等價的。也就是說,我們可以用想法 D 合不合理,來檢查想法 C 是否正確。

**你相信的因果關係，對不對？**

好了，那再回頭來檢查一下最前面的想法：

| 因：條件 | 果：結局 |
|---|---|
| 進那家公司 | 未來就可以安心 |

想法 A →

反過來看，應該是：

| 因：條件 | 果：結局 |
|---|---|
| 沒進那家公司 | 未來不能安心 |

← 想法 F

很明顯，未來不能安心，絕對不會只因為是沒進那家公司。想法 A 要成立，必須要想法 F 也要成立才對。也就是說，想法 F 如果怪怪的，那表示想法 A 也有問題。

 再說直白一點。進那家公司，或許真的可以讓你對未來感到安心，但為了要達到未來可以安心這個目標，進那家公司不是「唯一」、「非要不可」的條件。如果是這樣，那你要不要把你所有的努力，花在想辦法努力進到那家公司呢？

回到微簡報，如果自己原本想法是「念研究所就會比較好找工作」，但「不好找工作都是因為沒念研究所」這想法是錯的，所以表示前面想法也有問題。

再進一步想想，說不定，原本會一直想進那家公司未來就安心了，會不會也只是逃避思考未來，讓自己現在有個假想目標的偷懶手段而已？

## 檢查你的努力，有沒有朝向你的目標？

請在下面的格子裡，在左邊填入你現在努力的方向，也就是你達成目標的條件，右邊填入你想要達成的目標，然後也把它反過來檢查一下。

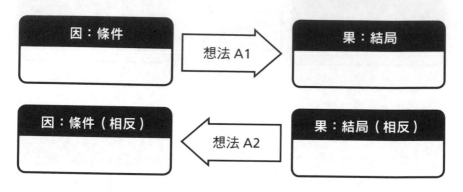

如果兩個想法都完全成立，那恭喜你，你現在的努力方向與目標非常的一致。

如果沒有完全成立，或是覺得有點勉強，那就是告訴你：

要達成你的目標，其實不止有一條路
走這條路有機會，走另一條路同樣有機會

選一條自己走了比較開心，比較快樂的路
你會走的比較不辛苦，比較容易走得下去
就像念研究所一樣，念得開心就念
念得很勉強，其實不念，也不會怎樣

# 模擬

可以成功，但不喜歡的事要做嗎？

科學教育是我的工作

我常常要到很多地方上課、演講

有時候也會為了需要，留宿當地旅館

我沒有要住多高級豪華的飯店

但乾淨絕對是我必要的要求

這時候，我忽然有個想法

**科學X博士**
doctorx9000.com

反正我有部落格，我也喜歡分享

不如就在部落格中
跟大家介紹我住過的地方

入住時，先把旅館的外觀先拍下來

把床、桌子、廁所到處都拍一遍

如果有早餐，再把它紀錄一下
一篇旅館文就完成了

有一天
有位部落格大神看到我寫的旅館文

他給了我一個新想法

既然要寫各地旅館
何不順手紀錄各地小吃

拍幾張照片，寫寫美食文也不錯

而且美食文應該遠比科學文更容易被看到

聽起來真的很有道理
反正這事也不太費力，何樂而不為？

後來我去餐廳吃飯
沒有忘記先拍餐廳外觀

菜單拍完等上菜
餐點到了，不能先吃要先拍照

按下快門瞬間
我忽然有個非常強烈的感受

我真的不喜歡做這件事
我真的不喜歡做這件事
我真的不喜歡做這件事

演講、文章、朋友
常常會告訴我們很多道理

這些道理，常常都會教你成功的方法

這些方法，很多人做過也都真的成功了

很多人做過都成功的事
那你要不要也來做？

別人喜歡的，你未必喜歡
別人可以忍受的，你未必可以忍受

學習他人做法，卻忽略自身感受
跨出去的每一步，一定會格外地艱辛

專家能夠教你的，只有前往成功的方法

專家無法傳承的，是為成功付出時的感受

X博士微簡報
專家無法教你的事

**源源不絕的知識，可以幫你做出理性的判斷**
**親手體驗的感受，才能幫你做出最佳的選擇**

科學X博士

## 人生實驗006
## 沒做過的事，怎知道喜不喜歡？

你有沒有這樣的經驗？有件事，聽起來不錯，但真要選擇放手去做，又有一點點說不上來的猶豫。想要做，好像需要點衝動，但真的沒做，過了一段時間又覺得可惜。

我想講的不是像環遊世界、登聖母峰、放假一年這種比較不容易的大事，而是你一直放在心上，想做又一直沒做，說大不大，說小又不小的那件事。如果你現在想不到，我舉一些例子看看能不能幫助你想起來。

你聽到朋友介紹自己在做直銷，你一直在考慮要不要做做看。或是健身房的業務向你推銷，你想過要加入健身房卻又一直沒有真的參加。又或者是更大一點的事情，像是不想通車，想要租房子搬到公司附近住。這樣的事情一直被你放在心上，但又一直沒有動手去做。這樣的事情，可能每個人都有一些。

 **為什麼你會覺得猶豫？**

這些事情一直在心上，因為它在某方面有吸引你的特質，比如說直銷相關行業的工作自主性，加入健身房會讓你體態變好，住在公司附近可以節省通勤時間等，但你又需要為了得到這些吸引你的特質，付出一些代價。像是健身房的會員費，在公司附近租屋也是一筆開銷等等。

但這樣的問題最讓人討厭的地方就是，如果去健身房真的太遠太麻煩讓你到不了，如果租房子的租金真的太貴你付不起也就算了 ......

**偏偏這些代價都是你可以承擔的**

## 為什麼想做，可以做，卻一直拖延著沒去做？

　　去健身房也沒那麼不方便，租房子的租金跟通勤費比起來好像也沒高多少。花一些時間去健身房，讓身體健康好像很值得，多花一點錢在公司附近租房子，省下的通勤時間又可以做好多事。考慮了半天，還在考慮，讓你考慮的變數也沒有增加，你的環境、你的經濟狀況也沒有不同。但，你就是還在考慮，這些事，就一直在你心上。

　　這個實驗裡面，我想要跟大家分享的方法，未必會適用於所有考慮中沒去做的問題，但你不妨套套看，如果你的問題不適用，那表示你的問題不屬於這一類。

我們把事情分成三個部份來考慮：

> **1. 期待**：就是吸引你的，你想要的，你追求的那件事
>
> **2. 推力**：就是鼓勵你去做的理由，告訴你這是值得付出，划得來的理由
>
> **3. 阻力**：就是你還沒去做的原因，讓你困擾，讓你擔心的那個原因

　　這種事情，1 是什麼通常很明顯，不然你不會想要。2 也很明顯，因為你想要就會為它找到理由。3 有時明顯，有時又不明顯，說不上為什麼。

| 沒做 | 明顯的阻力：我怕我交了錢，後來又都沒去上課 | 期待：參加健身房讓體態更漂亮 | 推力：會費三年只需要 30,000 元，平均一天不到 30 元，真划得來 | 做 |
| --- | --- | --- | --- | --- |
| 沒做 | 不明顯阻力：我不知道我在擔心什麼，反正就遲遲沒搬過去 | 期待：在公司附近租屋，節省通勤時間 | 推力：算起來一個月多花 3000 元，但一天多出一個半小時，值得 | 做 |

## 如何找出隱藏的阻力？

推力的部份，是你理性的思考，同時也是「預設做了會比較好」的心態下，所做的理性思考。當你真心想要做一件事時，全宇宙都會當成是理由來支持你。那些推力，都有它的道理，這些道理，有些時候還真的不是鬼扯，真的可以說得上是道理。

而阻力的部份就難了。它通常包含了一些不確定，一些恐懼，一些擔心與猜測，所以阻力難以預測，難以估計。

這會造成你沒辦法讓阻力和推力開始比大小，看看是推力贏了決定就去做，或是阻力贏了就死心決定不做。於你就不上不下，卡在現況。

既然阻力難以預測，難以估計，那怎麼辦？我們可以用很科學的方法來試試，就是「模擬」。

## 科學可以模擬，人生要怎麼模擬？

剛畢業的飛行員能不能好好的開飛機，我們可以讓它在儀器上做模擬飛行。一棟房子蓋好後能耐得住多大的地震，我們也可以在電腦上做模擬。模擬的意義，就是用一個成本比較低，若干程度接近真實的作法，來協助我們評估一個事件，在接下來會有怎樣結果的預測手段。

我們面對的阻力也是一樣，既然它這麼不容易清楚地找出條理，那是不是也可以用模擬的方法，讓模擬的結果提供我們一些做決定的參考。

這一點非常重要，因為模擬的結果，常常出現的是一些大家原本沒有考慮到的因素，而這些因素，常常反而是導致事情沒有往預期方向發生的致命關鍵。就像我們會聽到「我本來以為事情會有好結果，但沒想到因為○○○，結果卻讓事情搞砸了」。那個○○○，原本肯定沒想到。

## 做決定前先模擬，可以發現什麼？

健身房平均一天不到 30 元的會費，就算三天才去一個晚上，成本也不到 100 元，想想還是便宜啊！所以就刷卡交錢了。後來去了幾次，才發現跟想像中不一樣。

如果在正式入會前，我們可以做一些小小的模擬，發現了這些原本沒想到的況狀，再來仔細評估要不要加入，是不是比較好一些？

| 模擬目標 | 模擬方式 | 可以發現的狀況 |
|---|---|---|
| 加入健身房 | 天天下班去一趟健身房，到外面看看也好 | ☑ 晚上常常無法準時下班，累到根本不會想去健身房<br>☑ 下班再去健身房，健身房人山人海，感覺很差<br>☑ 那邊停車實在很麻煩，找不到停車位 |
| | 天天下班去公園運動一小時 | ☑ 男（女）朋友開始抱怨我都不陪他（她）<br>☑ 下班太餓吃完飯再去，去了又覺得肚子裡東西太多，運動不舒服<br>☑ 吃一點東西再去，運動完又想吃東西，吃完又很晚睡，反而不健康 |

再用在公司附近租屋的例子來試試，看看會有哪些沒想到的狀況。

| 模擬目標 | 模擬方式 | 可以發現的狀況 |
|---|---|---|
| 在公司附近租房子 | 在公司附近住一週旅館 | ☑ 晚上多的時間沒事做，其實也不知道要幹嘛，結果都在上網亂逛<br>☑ 住外面就要吃外面，多了一筆開銷還好，天天都要想要吃什麼真的很煩<br>☑ 早餐也要吃外面，晚餐也要吃外面，一天三餐都不能吃家裡很不舒服<br>☑ 洗衣服占去的時間很多<br>☑ 看到垃圾車，想到下班為了趕回家倒垃圾，時間被打斷，不容易再安排其他事<br>☑ 看不到家人有點難過<br>☑ 同事知道自己離公司近，不急著回家，反而把更多事都丟過來 |

## 你要決定日子怎麼過，還是要習慣日子怎麼過？

「搬出來住，到時自然就會有事做，其他都不是問題了」。對，很對。我當然知道結了婚就會甘願，租了房子就會適應，買了爛手機用久了也會習慣。但我想傳達的，還是大家要經過自己的思考，再做出自己的決定。

加入健身房，常去健身房，是因為你想過，你評估過，你心甘情願輕輕鬆鬆去健身房，而不是因為交了錢，不想浪費錢才去。

感受，很重要。雖然這整本書都在講理性思考，但把自己的感受也放在理性中，與其他條件一起做評估，絕對也是一個正確且理性的步驟。你有沒有什麼類似的事，一直掛在心上沒辦法做決定呢？可以的話，來做個模擬，成了，就快去做；不成，也趕快把這事放下，讓你的心容納其他更有意義的事吧！

| 模擬目標 | 模擬方式 | 可以發現的狀況 |
|---|---|---|
| | | |
| | | |
| | | |
| | | |

**如果日子不能照你想的過，那你就會照你過得想**
**透過模擬，避免你的日子向不得已屈服**

# 學習

## 學了這個,到底有用沒用?

大多數的人，都會特別花時間學英文

而大多數的人，都不會對英文很有信心

大多數的人，跟外國人講話還是怕怕的

背單字，是學習英文的基礎

你一有空就背單字
一有空就記文法

為什麼這麼努力，還是對英文沒信心呢？

「因為我發音不好、因為我沒機會練習」

為什麼英文不好的原因，真的是有一大堆

學英文，感覺起來好像只是一個科目

其實它包含了許多能力的疊加與組合

背單字，只是其中一個項目而已…

這個時代，有很多需要學習的新事物

報名網站打開，什麼東西都有人開課

考慮學習一項新事物時，常會聽到一句話

「學這個有用嗎?」

我老實講，學這個，真的沒用

嚴格來講，只學這個，真的沒用

就像單字，只是英文能力中的一塊

因為這個對你來講，只是單項技能

跟你一起學這個的人，多到數不清

你不可能因為學了這個，而忽然脫胎換骨

學了這個，你會需要把它融入生活

學了這個，你還需要把它精熟與內化

學了這個，你更需要與其他能力結合

你需要累積很多像這個的能力

用這些能力，加上你特有的天賦與熱情

這時候，你會感覺到忽然打通任督二脈

這時候，你就會成為獨一無二的個體

這時候，你就會發現學這個是有用的

X博士微簡報
學這個有用嗎？

### 廣泛的學習，累積你的能力
### 配合你的熱情，讓能量做最大的發揮

科學X博士

# 人生實驗007
# 你努力學習，但學了有用嗎？

你我都是愛好學習的人，世面上有許多的書籍，許多的課程，還有許多的演講，它們都提供了我們許多知識，教了我們許多的道理，滿足我們對學習的需求。

舉個例子來說，前陣子有一本暢銷好書，這本書在教大家說話的方法，經由一些語調的高低、斷句與停頓，或是姿態與手勢，可以讓自己想要傳達的理念與想法更具有影響力。

你的工作，剛好最近主管要你擔任單位的小組長，組上有幾位同仁需要你來分配工作，一起完成主管交辦的任務。這時候，讓自己在公司裡講話更有份量，更具有影響力就是你立刻需要的能力。於是你趕快把這本書買來，開始認真一頁一頁的看下去。

好了，你認真的把書看完了，你有成為更有影響力的人了嗎？

多看、多聽、多學習是好事，但精力有限，時間有限，錢更有限。這些有限的學習籌碼都需要我們妥善運用，需要我們精選優質的學習內容。

也因為這樣「學了，但是沒用」，就越來越成為我們無法負擔的一種學習窘境了。

想想看，如果念完一本書覺得沒用
那是書的問題，還是你的問題？

## 不是只要學了「這個」，就會有用

爛船總有三斤鐵，一本書會有出版社把它製作出來，相信應該不會爛到太爛。當然，每一個人買這本書目標都不一樣，這一本書對每一個人「有用」的定義也會不一樣。仔細分析一下，你讀這本書的期待是什麼？

或許你像我前面舉的例子一樣，希望學習書中的方法，讓自己說話更有份量，在小組中可以讓同事們願意聽自己的話，順利完成上級指派任務。

如果你覺得讀完之後沒有達到你要的效果，那你所要做的不是去評論這本書到底有沒有用？而是進一步拆解一下，想要達到你期待的目標，除了說話的影響力，還需要哪些「別的」？

| 期待 | 需要 | 具體達成方法 |
|---|---|---|
| 領導組員 | 了解說話有影響力的方法 | 讀那本書 |
| | 跟同事感情好一點 | 找機會跟同事吃午餐、多聊聊 |
| | 依同事個人情況，分配工作內容 | 將工作內容拆解 |
| | 訂定工作進度 | 確認同事現有工作時程，安排可完成的工作進度 |
| | 設計獎勵機制 | 完成後一起去吃大餐，或是請主管進行表揚 |

達成目標需要透過學習，但學習卻不是達成目標唯一需要努力的事。完成了這步實驗，可以釐清達成你的目標，還需要再加上哪些努力，補上了這些部份，才能讓你的努力更為完整，學習變得真正有用！

## 不只學了「這個」，還要再做「那些」

再來看一個例子。我寫過一本書叫「孩子的科學遊戲」，內容是利用身邊的簡單器材，來跟孩子做好玩的科學實驗與遊戲。我有朋友想藉由跟他小朋友一起做科學實驗，增進跟小朋友間的親子關係。可是，從看完了「孩子的科學遊戲」開始，到增進親子關係之間，其實還有很多需要做的。

| 期待 | 需要 | 具體達成方法 |
|---|---|---|
| 增進<br>親子關係 | 了解科學實驗內容 | 讀「孩子的科學遊戲」 |
| | 跟小朋友有完整相處時間 | 每週三晚上盡可能不安排任何工作，先陪小孩 |
| | 增加與小朋友的共同話題 | 陪小朋友看電視，了解小朋友喜歡什麼 |
| | 擁有不被打擾的親子時光 | 陪小朋友睡覺、送小朋友上學 |

現在，你再回頭想想最近聽的那場演講，最近看的那本書，最近上的那堂課，你的學習，背後有著什麼樣的期待？把那個期待填在表中左邊的格子裡。接著思考一下，要完成這樣的期待，還需要哪些配合？而這些配合的項目，又需要有怎樣具體達成的方法？

| 期待 | 需要 | 具體達成方法 |
|---|---|---|
| | | |
| | | |
| | | |
| | | |

**有目標的學習，配合你的天賦與熱情**
**成就你獨一無二的必殺絕技**

# 失敗

## 成功的相反，是什麼？

我是一個科學老師

我認識很多同學，都對科學都很有興趣

有一個科學競賽叫做「科展」

這個比賽有難度，是個具有指標性的競賽

對科學有興趣的同學們，都會踴躍參加

有一次，我到一個學校做科展的演講

認識了很多想要參加科展的同學

其中，有兩組同學正式參加比賽

兩組同學都很優秀
從平常就認真找資料，認真做實驗

努力了一年，終於到了比賽的時刻

有一組同學得到理想的名次，他們成功了

另一組同學表現不如預期，他們…

**你是不是直覺反應，想要說出「失敗」？**

問到成功是什麼，很多人都有不同的答案

達成預期的目標，大家都會覺得是成功

沒有達到預期的目標
或許你會把它叫做失敗

但，你可以重新思考一下失敗的意思

**失敗的意思，其實是比原本更接近了成功**

挑戰的過程中，成功是大家想要的目標

挑戰的過程中，失敗並不是最差的結果

比失敗更差、更糟、更遜的
其實還有另外一件事

這件事，叫做「連開始都沒開始」

失敗，代表已經有了動作

失敗，代表曾經有過努力

失敗的經驗，成就了下次挑戰的基層

失敗的經驗，讓你下次能更接近成功

什麼都不做，一切只是空談
這樣的人絕對不會失敗

什麼都不做，一切停在空談
這樣的人怎麼可能成功？

成功的相反不是失敗

—100分
—失敗
—0分

如果成功是100分，失敗絕對不是0分

人有夢想，其實沒你想像的那麼偉大

夢想配合行動，你的夢想才有價值

你有哪些夢想與希望，還在計畫還在想？

X博士微簡報
成功的相反

**不要過度在乎失敗，失敗幫助你我成長**
**邁出你的第一步，讓你更接近成功**

科學X博士

## 人生實驗008
## 比失敗更糟的，是什麼？

失敗這兩個字，其實比成功更難定義。從前面的故事中大家應該可以了解，我想傳達的失敗所代表的意義。

**失敗其實可以看成只是一種「狀態的形容詞」**
**它是個「比原本更接近成功的狀態」**

但大家都期待成功，大家都不想失敗，再怎麼說，失敗這兩個字多多少少都會有一點負面的感覺。害怕失敗、不想失敗是人之常情。失敗沒有關係，重要的是要從失敗中找到意義。

這邊用「跟喜歡的異性認識」這樣的例子來說明。想像一下，有個男生上次參加了一個新書發表會活動，在活動中看到了一位女生，對方剛好是他喜歡的類型。他一直想找機會去跟她認識，但是女生身邊有一同前往的朋友在，而且女生一直忙東忙西，找不到空檔可以去認識她。

很想找些話過去跟她聊天，但實在想不出來要過去講什麼才好。自己今天也是隨便穿個 T 恤就來，自信心有點不足。眼看活動快要散場結束，如果再不主動找機會去聊天就再也沒機會了。於是男生不管三七二十一，鼓起勇氣就走過去跟女生講話。

**失敗經驗，有什麼用？**

男生：「今天人好多啊？」

女生：「…」

男生：「妳也喜歡這個作者嗎？」

女生：「嗯。」

男生：「這個作者的書我都有看。」

女生：「喔。」

男生：「妳今天是第一次參加作者的發表會嗎？」

女生：「不是耶，不好意思，我趕時間我要走了…」

男生：「那我們可以認識一下嗎？」

女生：「我要走了，你有名片嗎？」

男生：「今天剛好沒帶…」

 很明顯，對男生來說一定是個失敗的經驗。但是不是可以像前面說的一樣，換個角度來看，它其實是已經更接近成功了呢？如果是的話，那我們是不是應該好好把這次失敗的經驗整理一下，讓這個失敗變得更有意義、更有價值。

回頭看看，女生沒有不理男生，而男生問的問題女生也都有回答，女生想不想理這個男生，其實光從上面對話，很難斷定女生的想法是什麼。

## 失敗，如何讓你更接近下次的成功？

　　下面我們就來整理一下，經由這次的失敗經驗，要怎麼樣讓下次能更接近成功。我們這裡先把成功定義為「跟女生要到連絡方式」。

| 本次失敗的檢討 | 更接近成功的方法 |
| --- | --- |
| 問題有點無聊，對方只能回答嗯與喔 | 對話避免用是非題，才能讓對方有多一點的回覆 |
| 想話題想太久，浪費太多時間 | 先從活動主題開始聊，其他的話題邊聊邊想 |
| 人家主動要名片，自己卻沒帶 | 出門記得要帶著名片 |
| 活動結束再去認識人家，對方可能後面還有事情，急著要離開 | 活動中看到想認識的人，盡早過去認識 |
| 穿著太隨便，影響自信心 | 走到哪都要注意自己的儀容 |

　　如果下次順利克服了上面的障礙，那接下來，男生可以拿出手機，找出自己最喜歡作者的那篇文章、那則報導、那部影片，或是下一個準備要參加的那個活動，然後問女生要不要把這個資訊傳給她。

　　現在再回頭看看這次的失敗，除了帶給男生悔恨，是不是也讓男生更接近成功？

**想想看，你為什麼會在意這個失敗？**

再仔細想想，一件事情你會在意失敗，這件事情一定是你喜歡、你有興趣的事，你才會花時間花精神去做，而且失敗了還很在意。

既然是你喜歡、你有興趣的事，雖然這次沒有成功，但未來你也有很大的機會把同樣的事情，或是類似的事情再重做好幾遍。

如果是這樣，那每一次的珍貴經驗，你千萬不要平白浪費！

回想一下你最近覺得失敗的事，仔細用心檢討，讓你的下一次更接近成功。

| 本次失敗的檢討 | 更接近成功的方法 |
| --- | --- |
|  |  |
|  |  |
|  |  |
|  |  |
|  |  |

**趕快做，趕快錯，趕快改，你就更快接近成功**

# 創業

## 我該不該創業？

我喜歡跟人聊天

認識新朋友，了解各行各業

有一次出差，在店裡跟一個店員聊天

知道對方也對科學教育工作很有興趣

而且是喜歡科學動手做的同好

我們聊了一些科學實驗，十分開心

聊到我等的東西已經好了，還在繼續聊

對方告訴我，有一個科學教室

在當地好像是很有名的

講到這裡，店員忽然語氣一轉
他對這間教室很不滿意

原來他跟那裡的創辦人曾一起共事

一起分享過許多科學實驗

沒想到後來他朋友自己出來創業

做的也是科學實驗補習班

最最令他不爽的是

課程中，很多是當年他想到的科學實驗

所以讓他覺得

我的idea被偷了

我們好像常常聽到有人說

「他偷了我的idea」

大家在聊夢想時，常常是這樣

我們可以○○○，再×××
然後就成功了

而大部份的夢想，都是停在聊聊的階段

直到有一天
有人真的○○○與×××成功了

提出idea的人就覺得不是滋味了

心中很在意，這個idea本來是自己的

但這個idea，真的只有你想到嗎？

這個idea換你做，你就會做得好嗎？

一個很棒的idea，真的中了大趨勢風口

或許豬也真的會飛起來

但不要忘記
把豬放到風口上，也需要許多的努力

就算idea真的很有價值
也不代表實踐idea不需要付出努力

有夢想不會讓你偉大

夢想要被實踐，才有它的意義

既然是好的idea，就值得你為它付出

idea只有空談，是無法表現價值的

X博士微簡報
那一年，他偷了我的idea

**一個行動的價值，遠超過心中的100個夢想
馬上開始行動，讓大家看見你的idea**

科學X博士

「我有一個 idea，我想要開一間…」這應該是很多有創業想法的人，最開始的動機。

問到想要創業、想要開店的人原因，大多得到的答案是想要靠自己的力量，做自己喜歡的事來賺錢。這些很棒，我也很想要可以這樣。

而談到要不要創業這個問題時，會有一群屬於「反對黨」的人，他們會用盡一切的方法告訴你創業不是那麼簡單的，當老闆是很辛苦的，開店是很燒錢的，怎麼經營你想好了嗎？你的獲利模式是什麼等等的理由，阻止你朝著創業的方向前進。

反對黨畢竟不是你，他們不會理解創業這個夢想對你到底有多重要，只要你自己覺得你的夢想對你真的夠重要，重要到值得你付出，重要到值得你冒險，那對你來說，創業不管它最後會不會成功，都是應該要試一試的。的確，其他人給你的意見可能是出於關心。但他們不是你，他們不確定你有多大能耐，也不確定你能為這份創業付出多少（其實你自己也不知道，不然就不會被別人的意見干擾了），這些意見，只是你的參考，真正做決定的還是自己。

這本書強調的是依照每個人自己的情況，幫每個獨立的個體做出理性的分析。所以，你的夢想對你多重要、你會對你夢想付出多少，這些統統不討論。我想討論的是：

> 你對創業，或是你想開一間什麼店的這個動作
> 跟你想要的夢想，到底有沒有在同一個方向上？

## 創業，就是你的夢想嗎？

　　我這樣講你可能聽不懂，你可能會回答我「創業就是我的夢想啊！」、「開一間教室、開一間店就是我的夢想啊？」。

　　仔細想想看，你的夢想應該不是「開」公司、「開」教室。「開」店這個「開」的動作不是夢想，如果真的是，那這個夢想應該要不斷的開、開、開，一直開下去才叫夢想是「開一間什麼」。

　　我這樣講或許還有人不懂。讓我舉個例子，就像有些男生會很喜歡一直認識女生（反過來也是），但目的卻不相同：

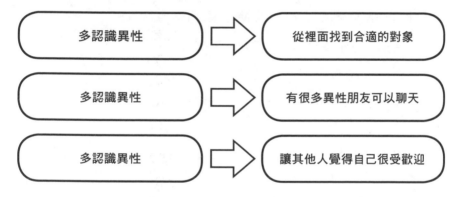

　　同樣是「多認識異性」，第一個目的是找到合適的對象就該停了，而其他兩個是要無止境的認識下去。

## 創業是為了什麼？它才是你的目標

　　同樣的方式來看創業這個問題。我要問的是，你創業了，你開了一間什麼了，然後這樣的動作，讓你達到了一個什麼樣的情境，讓你變成了一個什麼樣的狀態，這個情境與狀態，才是「你的目的」。

## 夢想中，你的角色是什麼？

像前面微簡報中，想要有一間科學教室的人可能比較少，我用一個比較多人有過的夢想：咖啡店，來做為本實驗的例子。你也可以把它換成是其他教室，某某公司，或是什麼店都可以。想像一下那一天來臨時，你心中期待的情境是什麼？

好了，咖啡店開了，你想到的情境是：

> ☑ 在吧台優雅的泡咖啡
>
> ☑ 享受大家喜歡你的咖啡的成就感
>
> ☑ 有一個好團隊，在店裡跟大家相處融洽
>
> ☑ 告訴人家說自己開了咖啡店的優越感
>
> ☑ 有一個地方免費招待朋友
>
> ☑ 期待有一天可以不用上班，就可以賺錢

這些都是我聽過，想要開咖啡店的朋友們想到的情境。我接著用下面的實驗幫助你思考一下。

# 夢想角色連連看

現在把上面的情境，跟對應到的咖啡店的角色做一個連結。

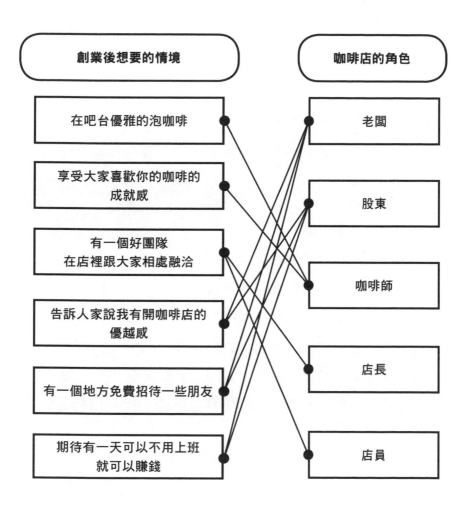

## 除了咖啡，咖啡店還有很多很多工作

這線是我連的，是我想的，而且有時候有些身份也可以是重疊的，像是老闆本身自己也可以是咖啡師。

如果你有不同想法，你也可以自己再加幾條線。總之，這個實驗是要讓你確定一下，你想要的情境，到底是不是要靠「創業當老闆」這個過程來達到。

還沒講完，我再把當咖啡店老闆真正的工作再多描述一點。

老闆不能不處理、不關心的事，包含了：

☑ 天花板漏水
☑ 房東說要漲房租
☑ 上游廠商咖啡原物料斷貨
☑ 某某單位要來做營業相關檢查
☑ 咖啡師或店長生小孩想請長假
☑ 離職工讀生在網路上罵你的咖啡店
☑ 開店半年，前面馬路開始修路，滿是灰塵
☑ 開店一年路修好了，國際知名連鎖咖啡店開在你隔壁

我不是創業專家，但創業這件事，應該是「迎接一連串挑戰」，而想要成為創業者的人，應該是要有「樂於接受一切挑戰」特質的人。

## 認清角色，就清楚你的目標

如果回到前面微簡報的主角來看，他很喜歡科學，他很在意他的科學實驗 idea，那他應該擔任的應該是教室的科學老師、科學總監這樣的角色。創業集資、教室立案、牌照申請、會計稅務這些問題，就全部留給老闆去做就好了。

好了，換你了。在下面的空格填入你想要的工作情境，同時填入對應到這些情境的職場角色，你就會知道你該應徵什麼，該不該創業了。

| 工作情境 | 對應角色 |
| --- | --- |
|  |  |
|  |  |
|  |  |
|  |  |

## 創業，不是圓夢唯一的一條路

一圓自己的夢想不是創業的理由，至少不是一個非要創業不可的理由。

或者就像是前面微簡報中的：「有了一個好的 idea」，也不是創業的好理由。我並不是要潑這個好 idea 冷水，如果好 idea 只是空想、只是幻想，那好像也無損健康，好像不會「有害」。

但仔細想想，它的害處就是像前面說的，如果微簡報的主角喜歡研究科學實驗 idea，他適合的位置應該是在科學教育相關單位，專心做科學課程研發的工作。

但如果有一天忽然有一群老師想要自己開一間教室，也邀了主角一起，那主角會不會一不小心，走上了不適合自己的創業之路呢？

一圓自己的夢想很好，但是請做好準備再來。有熱情、有理想，只是創業最最基本的條件，把其他的問題看清楚、準備好再來，至少碰到問題時你會比較甘願，真的失敗了，也不會只用「學一個經驗」來安慰自己。

**認清自己在夢想中的角色**
**別讓熱血、激情、想像，模糊了你真正的目標**

# 突圍

## 工作不開心，怎麼辦？

有一天，我有一個職涯相關的分享活動

活動後有人跟我聊天，談到他的工作

他說他不喜歡他的工作，但又不想辭職
不知道該怎麼辦

正在看這微簡報的你，有沒有這種問題？

先把你的不喜歡抽絲剝繭一下
再決定要如何來面對這個不喜歡

一、你不喜歡這個工作的連帶工作

我喜歡科學教育，也喜歡跟人分享

但教材採購、財務事項、公文往來
卻是最最最讓我頭大的

這些工作所花掉的時間，遠超過教育本身

或許你會說，這些工作不能請人做嗎？

我會說，不行

一個行業想要做到出眾，進入神之領域

靠得就是這些細部的苦與累來累積專業

你能做的，只能更苦更累全力克服它

你無法避免，是因為你在這行業不夠專業
等到變成神級人物，雜務就輪不到你做

二、你不喜歡這個工作環境

單位的文化、公司的內規、主管的觀念都是環境的一部分

這些文化、內規、觀念你未必都會喜歡

你不喜歡，只是你個人不認同

你不喜歡，並不代表這些存在不正確

我做的科學教育，常常在各地東奔西跑

我待的單位，出差費不可以報計程車錢

但有些偏鄉，沒有計程車真的到不了

但我不會因為這個原因，我就不去偏鄉

自己付錢當然是一個辦法

這個問題也可以尋求企業的幫忙
很多企業願意支持教育工作

你能做的，是幫這些不喜歡找一個解

你真心喜歡這份工作，你也相信它的價值
你不喜歡的障礙，就值得你為了它找出解

三、這工作的辛苦，本來真的不知道

我的科學活動，很多是來自學校邀約

有時會有熱心的家長牽線，主動聯絡學校

只是學校早有安排，不易臨時安插活動

為了推廣科學教育，反而造成校方困擾
這是我最不喜歡、最不想看到的

這一種辛苦，沒碰過還真的不會知道

常聽到有人說「早知道我就不做了」

但就是因為這些只能做了才會知道的事
才能幫你成就最獨特的專業

你會做今天的工作，絕不只是為了錢

你會做今天的工作，一定有你喜歡的地方

你的工作，會占去你生命中很長的時間

為了守護喜歡的工作，請把不喜歡找出來

X博士微簡報
工作中的不喜歡

**重新檢視不喜歡，為這些不喜歡解套**
**排除所有不喜歡，全力發揮你真正的價值**

科學X博士

## 人生實驗010
## 工作不開心，我該一直忍嗎？

生活不會是天天過年，每件事也不會都盡如人意，努力過程遇到阻礙也是很正常的。當我們生活中有一個長遠目標，這個目標有些障礙與問題需要解決時，我們常常會為這些阻  礙想一個解決的辦法，然後朝著這個可能可以解決阻礙的方向來做努力。

但一個阻礙會讓你放在心上，通常這阻礙應該不會太簡單解決。努力的過程中勞心勞力，而且還常常達不到滿意的成果。這時候，是不是可以思考一下，路，是不是真的只有一條？有沒有其他條路可以走？

實驗 005 中，我們已經知道怎樣檢查「如果要怎樣，我就必須先怎樣」的論述到底夠不夠強了。現在讓我們把它套用在工作中的不開心、不滿意來試試看。

如果上面的論述正確，那下面的想法也該同時成立：

很明顯，長官對自己印象不好，絕對不是只因為努力沒讓長官看到。也就是說，下面的推論不成立，告訴我們上面的想法也是不夠完整。這暗示著，想讓長官留下好印象，不只有努力讓長官看到這條路。

好，現在知道有其他路可以走，那要怎麼找出來呢？在這個實驗，我們要用一個否定的思考方式，來為你的問題，找出另一個解。

**「不」，也有力量**

在下面的表格中，依序從左方格子開始來看：

> 1. **原本的問題：先描述自己卡關的問題**
> 2. **原本想的解法：填上你想到的解決方法**
> 3. **用「不」轉化問題：在第三格把你想到的方法中，最難的那一個步驟做一個否定的描述**
> 4. **新的解法：試著在最後一格，找出一個繞過難關的方法**

這個表格，讓自己可以從「另一條路」，朝向同一個目標前進。我用幾個例子讓你參考一下。

| 原本的問題 | 原本想的解法 | 用「不」轉化問題 | 新的解法 |
|---|---|---|---|
| 我要升職，才能有更多的薪水養活自己 | 更拼命在公司加強表現，下次評鑑時可以升等，讓公司加薪 | 下次評鑑時「不升等」，也可以為自己加薪 | 利用下班時間培養其他專長，自己為自己加薪 |
| 我負責的工作跟主管有段距離，主管都看不到我的表現 | 請主管多加注意我的工作，讓表現被看見 | 「不」請主管多加注意我的工作，也能讓表現被看見 | 當有人為自己的工作感謝自己，請對方也同時感謝我的主管把工作交給自己 |
| 工作中的雜務太多，無法發揮我的專長 | 想辦法請求主管派人協助我，讓我可以全力發揮 | 想辦法「不請求」主管派人協助我，也能讓我全力發揮 | 盡全力把自己專長發揮出價值，讓主管為了讓你更有產出，主動去掉你的雜務 |

## 用「不」，找出你的另一個解

　　上面的例子如果你懂的話，下面的表格，也請你練習看看如何用「不」的方法，來轉化你的問題。

| 原本的問題 | 原本想的解法 | 用「不」轉化問題 | 新的解法 |
|---|---|---|---|
|  |  |  |  |
|  |  |  |  |
|  |  |  |  |

## 不喜歡，不要只是停留在抱怨

　　我常常碰到一種人，他們會講工作中有些不滿意，職場上有些不喜歡。但聊天的過程中，如果我針對這些不滿意、不喜歡提出「那要不要試試 ...」、「或許可以 ....」這些可能可以解決問題的方法時，我得到的回應卻是「唉，算了啦，我們公司制度就是這樣，不會改的啦 ...」、「唉，我們長官不會懂的啦 ...」。

　　的確沒錯，這個實驗已經盡力在幫大家找解了，但職場中的工作環境，免不了還是有些真的無解的事。這些無解的事會讓大家一直嘆氣，這些無解的事也常常會削弱大家工作的鬥志。如果是這種情況，還是可以套用到這個實驗的做法，也就是「公司制度不改，也可以達到目標」、「長官不懂，也可以達到目標」。

**不想解、懶得解，不等於沒有解**

知道我要講什麼了嗎？明明有問題，但卻連實驗中的表格  都懶得填的話，那這時候的問題，可能不是只有在工作中的 不喜歡，說不定自己已經沉浸在自怨自艾的狀態，覺得自己 「慘」、「辛苦」、「被欺負」好像比較淒美，有一種悲的意境。這樣的 人，或許你身邊也有。

人生中的問題，如果自己不想解決，那這本書上的任何一個實驗都不會 有用。

抱怨不會改善你的生活

有不滿意，有不喜歡盡快把它解決

不要讓這些討厭與煩人的事

阻擋你發揮真正的價值

# 面對

## 現在的環境，適合我嗎？

前幾天，我碰到我一個朋友

我朋友很喜歡辦活動，是個活潑的人

他們公司，指派他負責尾牙餐會

年終尾牙，總是少不了
訂餐廳、抽獎、員工表演等工作

這些工作，我朋友一個人沒辦法完成

於是他們老闆要公司內各單位派人支援
大家組成工作小組，共同努力

我朋友覺得有人幫忙，總算可以鬆一口氣

沒多久，他們開始第一次工作會議

我朋友就發現一件嚴重的事

各單位派來的人，都是被逼來的

工作小組的人，根本沒興趣幫忙

原本的工作就忙不完了，哪有時間搞這個

我在公司就是要低調，還上台表演什麼

我朋友雖然覺得很無奈，但還是要繼續

他開始分派工作給大家，一起分工進行

過了不久，大家回報工作進度

沒想到，大家都漫不經心敷衍了事

苟且完成工作，根本沒有好好做

大家願意來幫忙已經很給面子了
還想要求做到多好

我朋友擔心，這樣下去尾牙肯定亂七八糟

他很想去跟老闆反映這問題

但這些人也是他同事
跟老闆報告，不就是擺他們一道

環境中的問題，到底要怎麼解？

制度不明確，讓你難以有所表現

同事不努力，害你考績受到連累

環境不配合，讓你能力無法發揮

你周圍的這些問題，的確深深的影響了你

設法解決這些問題，你的付出會更有意義

但這些問題，你怎麼解？

跟老闆反映，會不會被當成打小報告？

想解決這些問題，會不會惹出更多問題？

你要思考的，不只是這問題怎麼解

你還要思考的，是這問題值不值得去解？

組織的制度、同事的支持、環境的限制
都不是你能輕易改變的事實

既然條條大路通羅馬，碰到路上有障礙
未必要把路打通，換一條路也是個好選擇

世事不盡人意，與其花時間改變世事
不如訓練自己，在不如意的環境下變得更強

如果真心喜歡辦活動
那把工作一個人全包，不也是難得的學習

要扛下所有工作，還是徹底改變公司文化
問題怎麼解才是最好，只有你自己知道

X博士微簡報
解決不了的問題

**人生處處充滿問題，許多問題不值得解
轉個方向海闊天空，讓問題不再是問題**

科學X博士

## 人生實驗011
## 不滿意，就代表自己不適合嗎？

面對現實生活的不滿意，我們常常會問自己一個問題：「我是不是走錯路了？」

以下的問題，你曾經有過嗎？

> ☑ 在工作上到處碰壁，是不是我不適合這個工作？
>
> ☑ 在學習上到處卡關，是不是這個科系根本不適合我？
>
> ☑ 跟男（女）朋友常常吵架，是不是我根本不該選擇跟他（她）在一起？

在公司工作做得不開心，在系上念書念得不開心，男女朋友相處不開心的時候，「換一個」，的確是很多人會想到的方法。

為什麼會馬上想到要「換一個」呢？因為「換一個」這樣的想法是最簡單、最省能量，同時也是可以把所有原因都怪罪到工作、科系，還有另一半身上，讓自己除罪的最好、最快方法。

不適合，是因為工作跟我不合，是因為科系跟我不合，是因為對方跟我不合。這些不合，不是我個人的問題，所以只要「換一個」，問題應該就會解決，多簡單啊！我不是你，我不知道你當初的選擇到底適不適合你，我也不知道換一個之後能不能解決你的不滿意。

這邊能做的，是用一個實驗，讓你對自己的不滿意做出解析，看看你的不滿意有沒有改善的空間？看看你的不滿意，有沒有「解」？有解的話就來試試解決的方法，無解，再來想要不要換工作、換科系、換男女朋友。

## 快問快答，分析你的不滿意

看到我的問題，請在最短的時間內開始回答，如果等太久答不出來，那很可能你只是自己愛抱怨、自己不知足，問題根本不存在。

心中答完一個題目之後，請趕快用筆寫下來，用筆寫下來，再繼續回答下一個問題。

### 1. 想想你現在的生活中，讓你覺得最不滿意的地方
工作、家庭、學校、朋友、健康都可以，這次的練習先挑一項就好，解決了，再來練習下一項。

### 2. 不滿意的點在哪？最多三項就好
如果是工作的話，可能主管囉唆、公司距離太遠、覺得薪水給太少。如果是學校的話，可能是覺得科目無聊、老師無趣、考試太多。男女朋友的話，是不是另一半不懂我、彼此興趣不一致，或是價值觀有落差。

### 3. 那要怎樣你才滿意？
這個讓你滿意的條件要具體，最好不要只是「主管要有人性」、「老師要討人喜歡」、「男（女）朋友要貼心」這種空話，要像「主管不要臨時叫人加班」、「老師作業不要出太多」、「男（女）朋友每週至少見我兩次」這樣，才有解決的方向。

### 4. 要滿意該怎麼做？
針對讓你滿意的條件，想想看有沒有解決的方法，或是可以努力的方向。

上述的 1 到 4 就是下面格子從上到下的四個層次。我先用兩個例子示範一下，不知道這兩個例子是不是剛好講到你？

## 不滿意的結構

不滿意範例一：工作不滿意

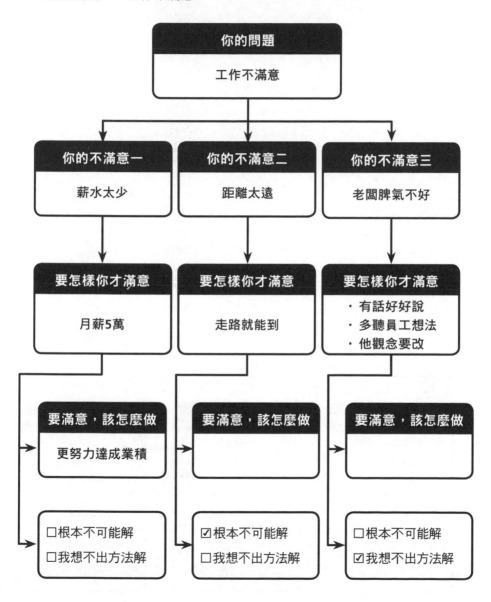

不滿意範例二：學校不滿意

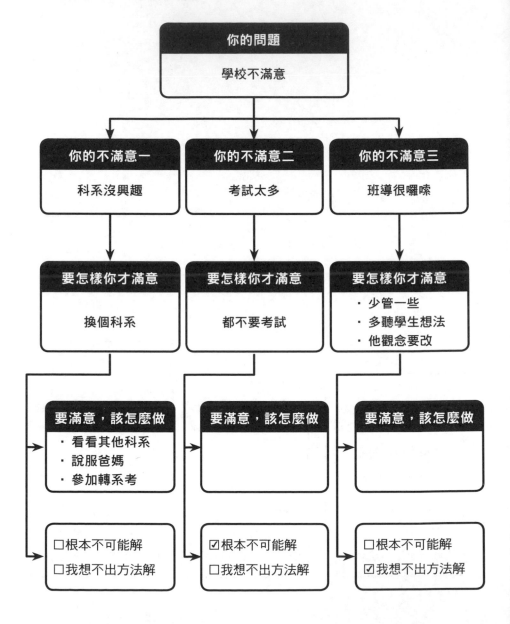

## 終結你的不滿意

　　換你做實驗了，把你正在困擾的問題，一個一個，一層一層填出來吧！填完之後，能解的問題，你可以試著努力朝著目標解解看。

　　但我要你把注意力放在那些「根本不可能解」、「我想不出方法解」的問題上。這些無解的問題，它可能是這個環境、這個世界本來就存在的問題，這個問題不是靠你「換一個」就可以解的。

　　換言之，如果你填寫完問題，最後卻在這兩個選項上打了勾勾，那你可能要捫心自問，誠實面對自己想一想了。哪個公司主管超貼心？哪個學校都不用考試？你指出的這個讓你不滿意的點，是一個真正有意義、有價值，且值得解決的問題，或者其實你只是用它來當做逃避努力、逃避其他問題的藉口呢？

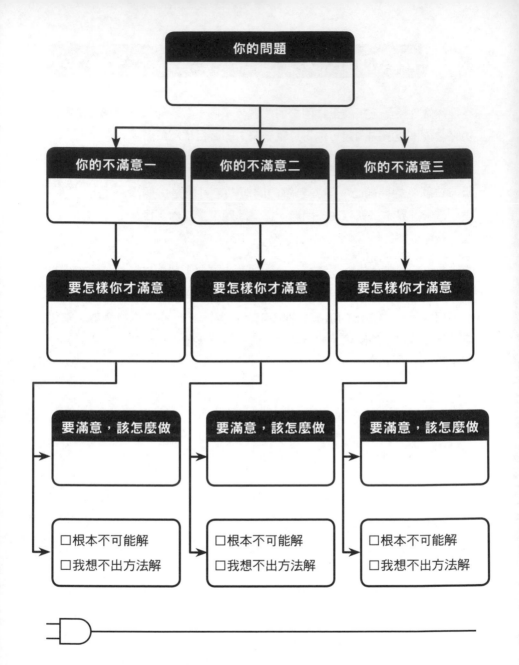

如果你的不滿意，是這個世界本來就是這樣

那要做的可能不是解決問題

而是調整自己的心態，面對、接受這個不滿意

── 實驗012 ──

# 運氣

## 幸運之神，怎樣才能降臨？

有一位同學，參加了學校的演講比賽

這個比賽的第一名
將會代表學校參加一個更大的比賽

這位同學雖然很優秀
但更優秀的同學大有人在

大家都摩拳擦掌，想在比賽中好好表現

比賽分幾個階段，大家都努力練習

同學隔壁班有一個高手，一直都比他厲害

同學再怎麼努力，都會輸高手一點點

眾多參賽者中，同學一直是排名第二

經過一連串的選拔，就要到了決賽

同學跟高手，都是大家觀注的焦點

到了決賽前一天，同學緊張的不得了

比賽當天，同學到了學校
進了比賽的教室…

不知道為什麼，高手居然沒來

同學贏了比賽，成為代表學校的選手

這結果雖然公正公平，但也引來閒話

「都是高手沒來，同學才能贏得比賽」

「如果高手來了，一定是高手獲勝」

「同學會贏，都是運氣好」

你的身邊，一定有很多人運氣很好

認識神人、進了好公司、碰到好主管
都跟中了彩券一樣是好運氣

這樣的好運，帶著他們一步步走向成功

運氣不好的，只好留在原地吃自己

「同學會贏，都是運氣好」
這句話聽來有點刺耳

「同學會贏，都是運氣好」
客觀來講，好像也是真的

大家都把注意力，集中在這個好運氣

大家覺得會成功，都是因為運氣好

但沒有什麼事，是努力之後保證成功

也沒有什麼事，可以完全不需要運氣

你很有才華，但你必須把才華變成作品

你很有能力，但你需要把能力讓人看見

你有夢想，但你也有可能只是憑空幻想

凡事都需要運氣，本來就是很正常的事

重點，不是碰完運氣之後
運氣給了你什麼

**重點是，你不努力**
**你連碰運氣的資格都沒有**

你連彩券都沒買，怎麼可能中彩券？

成功只靠想像，幸福之神要怎麼降臨？

X博士微簡報
成功，真的要碰運氣

**沒有努力，永遠無法運用好運氣**
**持續的努力，就是掌握運氣的超能力**

科學X博士

有一個日本電視節目，就是一群彼此不認識的男生女生，
一起坐巴士去國外旅行。大家相處一段時間後，會出現哪個
男生喜歡哪個女生，這個女生喜歡的又是另一個男生這樣的
事情。而節目遊戲規則的安排，就是裡面只要有人告白失敗了，這個人就
必須要離開遊戲結束這段旅程。

　　節目中有時候會出現一種情況，就是故事的主軸一直在某
一對男女身上，他們兩個也彼此互有好感，眼看再過不久兩
個人就要在一起，這時候會突然出現一位默默喜歡女主角的
男生，在千鈞一髮之際跟女主角告白。這種心境是自己覺得告白後成功希
望不大，但還是鼓起勇氣豁出去告白，最後壯烈犧牲後告訴自己「我盡力
了」、「我沒有退縮」、「我沒有遺憾了」。

這樣的淒美，有意義嗎？

## 運氣到底是什麼？

我們常說「盡人事、聽天命」，這句話可以再用更白話一
點來講，意思就是說不管什麼事情，總有一些部份是我們無
法掌握的，那個部份只能讓老天爺安排，而自己只需要把自
己能做的部份確實做好，到最後事情如果沒有成功，也不要想太多，不要
有太多自責。

我不否認，任何事情都有需要靠運氣的部份，但這個實驗中，我想要講
的是，你怎麼能確定「你盡力了」？

## 盡人事，不是騙自己，不是讓自己安心的

有時候，遭遇失敗後告訴自己已經盡力，會不會只是欺騙自己，只是一個讓你舒服一點的理由呢？如果只是這樣的盡力，那並不會讓你下一次更接近成功。

我們用巴士上的男生跟女生告白做為例子，先不討論對方不喜歡自己，幹嘛還纏著人家這樣的問題，我們以告白男的觀點，看看怎樣把事情區分為人事與天命？

| 任務：跟喜歡的女生在一起 | |
| --- | --- |
| 人事 | 天命 |
| 鼓起勇氣去告白 | 對方接受或不接受 |

這想法意思是說：自己盡了告白這樣的人事
對方願不願意接受，就不是我的事了

上面只是我用來表達人事跟天命如何區分的小例子而已，但我們回想一下自己的生活中，如果「天命」的部份能夠盡可能的縮小，把變數盡可能到控制在「人事」這一邊，這樣一來，你是不是可以對整件事情的成敗，具有更高的掌握性呢？

職場上的例子，假設我們公司是一家傳統公司，老闆的觀念很保守，從來沒有做過任何網路行銷，而我很想建議公司將產品透過網路做宣傳，我準備在下次的組會中提出來，跟大家報告。這件事，它的人事與天命是怎樣？

或許我一開始的想法是下面這樣。

| 任務：網路行銷提案成功 | |
| --- | --- |
| 人事 | 天命 |
| 在組會中提出構想，把我想到網路行銷的好處都講出來 | 主管接受或不接受 |

如果人事只是這樣，那被主管拒絕，也是剛好而已。

 ## 盡人事，就要把人事盡到底

 ### 追女生，怎樣才叫盡力？

再看一次男生跟喜歡其他男生的女生告白例子。能不能再多想想，除了鼓起勇氣去告白，有沒有其他可以做的事？

| 任務：跟喜歡的女生在一起 | |
| --- | --- |
| 人事 | 天命 |
| ・隨時做好準備，女生一有困難立刻出手幫忙<br>・盡量在女生面前有表現<br>・跟女生聊她喜歡男生的話題<br>・女生心慌慌時主動關心<br>・觀察她喜歡的那位男生，分析女生為什麼喜歡他<br>・跟女生的女生朋友多來往，探聽消息<br>・安排與女生剛好坐一起的機會<br>・最後再鼓起勇氣去告白 | 對方接受或不接受 |

我不是戀愛專家，想出來的可能都是爛招，但就是要把我能想到的爛招都用盡了，試過了，這樣才叫盡人事，才叫能做的都做了。

## 會議提案，怎樣才叫盡力？

網路行銷的會議，是不是也有可以再多做一些努力的地方，讓我們擴大自己可以掌控的部分。

| 任務：網路行銷提案成功 | |
|---|---|
| 人事 | 天命 |
| · 加強自己簡報能力<br>· 重覆演練，找出可能被反對的弱點<br>· 了解公司的預算如何編列，先用最少預算試探主管反應<br>· 主管有沒有心腹可以巴結？<br>· 主管比較聽誰的話，去問問他的想法<br>· 其他公司有沒有成功的經驗可以給主管看？<br>· 主管這陣子心情好不好？<br>· 這個會議有沒有其他更重要的議題，有的話可能等下次會議再提 | 主管接受或不接受 |

看完上面這兩個例子，你對於「我盡力了」這四個字，是不是有不同的感覺？

**你的目標，怎樣才叫盡力？**

　　思考一下你現在最想要達成的目標，你正在努力的，是不是只侷限在一件事情上面？除了你現在在努力的，還有沒有什麼是你可以再為這個目標加把勁的呢？

| 任務 | |
|---|---|
| 人事 | 天命 |
| | |

**盡人事，是為達目標可以做的所有付出**
**盡人事，不是未達目標後安慰自己的理由**

# 方法

## 興趣，能不能當飯吃？

每個人都有自己的興趣

每個人也都有自己喜歡做的事

興趣能不能當飯吃？是很多人常問的問題

你需要在意的，不是興趣能不能當飯吃

你需要思考的
是想把興趣當飯吃，到底該怎麼做？

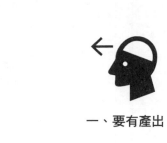

一、要有產出

你很喜歡追韓劇，是個韓劇專家

你看了很多片子，總會看到好片和爛片

而追劇APP哪個最好用，你一定也超懂

把這些心得，寫成部落格文章

因為你喜歡的，一定有人也喜歡

因為你最會的，一定有人也想要會

跟你有一樣興趣的人，自然會搜尋到你

想把興趣當飯吃，就要讓人知道你
沒有東西給人看，人家怎麼看得到你？

二、要被看見

你寫了韓劇心得文章，做了介紹短片

放到網路上，希望有人能看到

你的朋友都會給你棒場按讚

但棒場很多只是來自人情，來自新鮮感

內容有料是基本，能被人看見才是重點

# Google

想想看，你有韓劇問題要問大神的時候
你都會問哪些問題？

你的問題，就是大家的問題

你能解決這些問題，你的內容就有價值

以後大家有這些問題，自然就會找到你

三、要能堅持

你的內容真的很棒，超多人分享

不過跟你一樣棒的，還有一大票人

今天大家真的很愛你

但明天大家就會忘了你，去愛別人了

熱血只是衝動，堅持才有價值
努力要能持續，提醒愛你的人一直愛你

想把興趣當飯吃
這是你的夢想，還是只是你的幻想？

你沒有努力，機會要怎麼靠過來？

X博士微簡報
興趣能不能當飯吃？

有系統的努力，會讓你更快達成目標
馬上開始行動，讓你的興趣發揮最高價值

科學X博士

## 人生實驗013
## 實現夢想，有沒有步驟？

「興趣能不能當飯吃？」這個問題被當做問題的時候，好像已經預設它的答案是否定的。來拆解一下，會覺得這答案是否定的人，是怎麼看待「興趣」跟「當飯吃的能力」這兩件事？

「興趣」，應該是被定位在一件做爽的的事，他的出發點只是休閒，只是開心，只是好玩。而興趣這件事的出發點，跟謀生沒有關係，跟賺錢沒有關係，跟工作沒有關係。興趣這件事是生活中的配菜，不是主食，配菜只是用來調劑生活，讓生活有些變化，一直吃主食會讓人生活煩躁，所以需要配菜來讓自己開心一下、爽一下。但最後還是要回到現實，回到主食。

「當飯吃的能力」，對應到的是社會上存在的工作需求，而這些需求是大家普遍都知道，而且也有很多人提供了這些需求，做了這些工作。大家做了這些工作後，不管他們喜不喜歡、開不開心、後不後悔，至少他們沒有餓死。其實，這就是那句「你現在好好念書，將來當個…」講到的，好好念書、好好努力所培養出的「當飯吃的能力」。

我不是喜歡亂畫餅，亂叫大家全力朝興趣發展，才會活得有意義的人。某種程度上，我也同意大部份的興趣要真的當飯吃很難。這不用我多講，光從這麼多人愛打電玩，但電玩職業選手少之又少就可以看得出來。

先求有，再求好。先配合，先勉強，先走大部分的人走了都不會餓死的那條路，去努力看看能不能當個點點點，或是努力看看能不能去什麼夢幻單位上班。這沒有不好，先賺錢滿足生命基本需求，天經地義。

**工作就是工作，興趣是拿來放鬆的**

　　不知道正在看這本書的人，是不是也剛好在賺一個滿足生命基本需求的薪水，而賺這薪水的代價，就是自己在這工作上要去配合，有點勉強，總之不是很滿意。於是下班之後累了、煩了，就要去興趣那邊放鬆一下。放鬆太久叫墮落，所以在爽區待了一下就趕快又再回到現實。

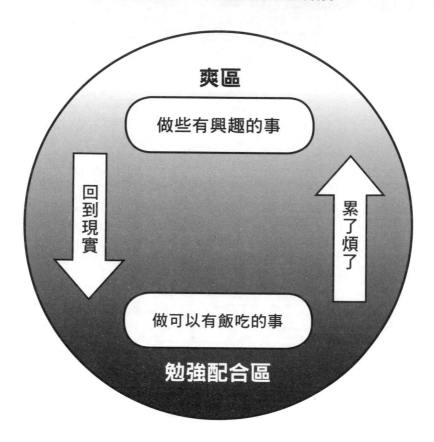

　　當然，這樣的輪迴也可能有人覺得很不錯。

　　但如果你覺得不太滿意的話，那你願不願意想想辦法，努力一下，讓自己生活中的爽越來越多，配合勉強的部份越來越少？

## 做有興趣的事，怎麼變成可以當飯吃？

如果可以做自己有興趣的事，然後做這些事又可以有收入，那應該是件蠻美好的事吧？我現在先用我自己當做例子，把前面微簡報告訴你的步驟套入一遍，拆解如何把「勉強配合區」降低，把「爽區」提高。然後，再換你。

首先，我是個理科人，我平常就喜歡東想西想，把生活中的事情稍微像公式一樣的思考。思考，本來就是我喜歡做的事。東想西想，不要讓我想到睡不著就好，我很樂意一直想。而想出一個道理的感覺，也讓我覺得開心，覺得有悟道的感覺。

另外，因為我常常接觸科學，我也喜歡科學教育，這圈子之中，有一個很多人喜歡參加的比賽叫「科展」，這個比賽比的不只是科學，更有許多在科學研究過程中出現的莫名其妙、意想不到的問題發生，而解決這些問題，正是與同學們一起做科展研究的過程中，我最有興趣的部份。

我們把前一件事稱為「東想西想」，後面這事稱為「科展指導」。

### 興趣當飯吃第一步，要有產出

要讓「東想西想」這件事有產出，最簡單的就是寫成文章了。我把它寫出來，放在我的部落格「科學X博士」，這個只要動動腦筋然後開始打字，再把部落格文章放到 FB 或是其他平台分享就好。

我為東想西想這件事做了一些具體的產出，未來如果有一天，有人剛好有需要我東想西想這個能力時，我就可以把這些產出給對方看。

有產出，讓人有一個依據與參考，可以了解我的興趣與能力能不能夠滿足對方的需求，這樣對方才能決定要不要為我這個能力付費。

「科展指導」這個要有產出就比較難一點。我做了兩件事，第一件事就是像很多人介紹電影一樣，我介紹以往的科展作品，把以前科展選手們的研究，用比較簡單的文字做一些說明，讓大家可以很快的了解這些作品在做什麼，我把這個系列取名叫做「科展解析」。

　　另外，我把我科展指導過程中碰到的一些莫名其妙、意想不到的問題整理起來，拍成影片跟大家分享，這個系列叫做「科展秘笈」。

好了，現在我的「東想西想」與「科展指導」，都有東西產出了。

 ## 興趣當飯吃第二步，要被看見

網海茫茫，不論是文章或是影片，在這年頭要被看見絕對不是一件容易的事。不過這件事不用太擔心，你的文章或影片不需要被非常非常多人看見，你的內容只需要被「覺得你的內容有價值」的人看見。

這一點非常重要，不管你的網路社交平台是什麼，那個平台本身就是個物以類聚的地方。既然在平台上的朋友都有共同的話題，那你有興趣的事情，其他人應該不會完全沒興趣。

而關於「被看見」這件事，你又可以細分，從兩個方向來努力：

**1. 現有的需求**

**2. 獨特的需求**

---

### 現有的需求

你喜歡咖啡，你喜歡美甲，你喜歡籃球，你喜歡追劇，你喜歡的這些，一定也有其他人會跟你一樣喜歡。你會上網搜尋相關的資訊，跟你一樣喜歡這些的人，也會上網搜尋相關的資訊。思考一下：

☑ **你喜歡什麼？**

☑ **大家喜歡什麼？**

☑ **你能提供什麼？**

☑ **大家的需求是什麼？**

有人跟你有一樣的興趣，你的產出就會被看見。你提供的內容有價值，解決了大家的問題，成為大家的需求，你的產出就會被看見。

---

### 獨特的需求

有些需求只有比較特殊的一群人才有，跟前面說的例子比起來需求比較少，當然能夠提供這類資訊的人也比較少。我喜歡科展，這是一個中小學同學的科學競賽，相較於其他你常聽到的英文、數學競賽，參加的人數少得多，但還是有一定的人數參加。這時候，你可以注意一下：

☑ **關心這個領域的人，平常會有哪些問題？**

☑ **針對這些問題，你有沒有你的想法與看法？**

這樣做，你的產出一樣會被看見。

## 興趣當飯吃第三步，要能堅持

這時代訊息太多，一個內容要被看見越來越不容易。你的創作，你的作品，你的產出要被看見也不會是一件簡單的事。被看見的困難，在於這個時代的資訊與產出傾向免費，而且大部份的人的注意力只會注意到資訊的內容，而比較少注意到內容是由誰產出的。

怎麼解？兩個重點：

> ☑ 不斷產出，持續產出，一直產出，直到大家記得你，成為那個領域中，大家最容易看到的人
>
> ☑ 你能夠產出的內容，有沒有一個焦點、一個系列、一個核心？

這兩點非常重要。你的持續產出，需要一個可以被擴散的核心。

「一部韓劇」是一件事，「最新韓劇」就是一個可以持續產出的系列。這段「興趣當飯吃」是一篇文章，這一整本「人生實驗室」才是一個可以一直發揮的核心。

**找出你興趣當飯吃的步驟**

好，我用自己的故事，介紹了這三個步驟。再來換你，先從一個你喜歡的事情出發，試試看用下面的分析演練表格，找到你的興趣可以當飯吃的方法。如果你有好幾個，那就一個一個來吧！

**我的興趣**

**這個興趣可以產出什麼？**

**這個產出可以怎樣被看見？**

**這個產出要持續，它的核心是什麼？**

**興趣能不能當飯吃不是問題**
**真正的問題是，你要不要選擇興趣當飯吃這條路**

# 取捨

## 生活與工作的平衡,可能嗎?

大家都有屬於自己的夢想

你的夢想是〇〇〇，他的夢想是×××

大家對夢想，都有一個相同的目標

希望我們都可以如願以償、夢想成真

身邊很多朋友，雖然夢想都不一樣

但大家都一樣，朝著自己的夢想前進

日子一天天的過去

有些朋友努力後，夢想終於成真

而你明明也有努力，但你好像還在原地

你知道，你的夢想為什麼沒實現嗎？

因為，你沒有用跟夢想等值的東西來換

你的睡眠，影響你的身體健康

你要上班，因為你要維持生計

你陪家人，維持你的家庭生活

你得社交，才能擴展人際關係

你還要休閒，不然你活著要幹嘛？

這些，都是生命中重要的元素

這些，都是用來維持生活品質

你的夢想跟這些比起來，哪個比較重要？

我知道，你會告訴我

這什麼爛問題，人生中這些都很重要

這答案不用微簡報，每個人都會講

你可能想要兼顧

你可能想要平衡

兼顧與平衡，可不可以做得到？

如果你的夢想，不用付出太多就可以達到
那你還能說，這個夢想真的很棒很獨特？

物理學有講，能量是守恆的

能量不會平白產生，也不會消失
只會在各種形態間互換

一種能量增加，一定有另一種能量會減少

生命中什麼最重要，要把能量用對地方

X博士微簡報
你的夢想為什麼沒實現？

**人生能量有限，認清你追求的重點
夢想真的重要，就不要吝於你的付出**

科學X博士

有一句話說(不是我說的):「我們每個人就像小丑,手上把玩著五個球,工作、健康、家庭、朋友、靈魂。只有工作這顆球是橡膠做的,掉下去會彈起來。其餘四顆球都是玻璃做的,掉下去就碎了⋯⋯」

這句話我相信很多人轉傳過,很多人聽過。我不想要只是多轉傳一次,所以我要換一個說法:

 物理學有講,能量是守恆的
一種能量的產生,一定會伴隨到另一種能量的消耗

我們看看大家身邊的能量:

> 1. **火力發電:燃燒燃煤來產生熱能,熱能再來產生電能,它的代價是會造成空氣污染,全球升溫**
>
> 2. **核能發電:核能可能比較危險,同時要找地方儲存具有放射污染的核廢料**
>
> 3. **汽油車:燃燒汽油讓化學能轉換成動能推動汽車,過程中產生熱能與廢氣造成污染**
>
> 4. **電動車:電動車裡電池的化學能會先轉換成電能,然後電能再轉換成動能推動汽車。看起來電動車沒有產生廢氣與伴隨的熱能,但幫電動車充電的電能同樣是從火力發電或是核能發電來的。電動車廢電池同樣會污染環境**

我想要講的是，沒有什麼是最好的能源。人類有享受，勢必也要有所付出。我們沒辦法想出「不需要代價的享受方法」，我們能夠做的，只有在享受的時候，選擇「用什麼形式付出代價」而已。

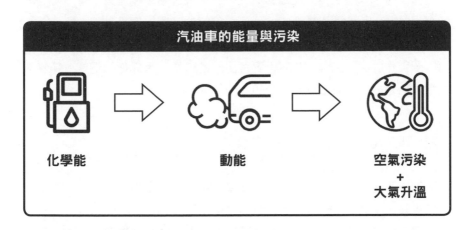

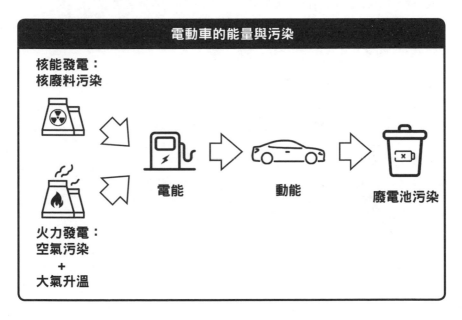

## 出來混都是要還，你只能選擇怎麼還

言歸正傳，如果世界上能源的消耗，是換來人類不能沒有的享受的話。那一個人生命中各種值得珍惜的時間、健康、家人與休閒，大概就是奉獻給逃不掉的工作了。為了賺錢，你得要工作。為了工作，你就得要付出你的時間，消耗你的健康，犧牲你和家人的相處，還有獻出你最愛的休閒生活。

 ### 那怎樣叫做付出太多，怎樣才叫付出剛好呢？

正常的消費行為，是先知道你有多少錢，然後決定你可以花多少錢。生活與工作也是一樣，你先為了工作把你的時間給扣掉，然後剩下的時間，再來分給工作以外，你覺得重要的事。剩下的時間如果不能完全滿足，完全兼顧健康、家人、休閒的話，那我們能做的，就只有選擇要犧牲哪一項了。

如果不能兼顧已經是一個事實，但我們還是不想為了工作而犧牲健康、家人與休閒啊？贏了工作，輸了任何一項都是我們不想見到的，我們能做的，是不是可以想個辦法，就像電動車選擇了汽車廢氣以外的污染一樣：

 即然不可能每個項目「全部都贏」
但至少不要「全盤皆輸」

我把這個方法稱為「部分犧牲」。

**付出了該付出的，要如何避免全盤皆輸？**

　　除了工作以外，每個人都有自己覺得很重要的事。可能是朋友，可能是休閒。我用健康，家人，這兩項應該大家都會覺得是重要的事情，來示範如何部份犧牲。

 **如何均衡健康的付出？**

首先，先誠實列出生活中，前五大影響健康的生活狀態：

☑ **長時間看電腦（工作、上網）**
☑ **熬夜（上網聊天、看午夜場）**
☑ **喝酒（小酌、應酬）**
☑ **愛吃刺激性食物（麻辣鍋、燒烤）**
☑ **不運動（沒時間）**

　　如果上面是影響健康生活的前五大壞習慣的話，那你可以不要讓這五個項目都統統發生，可以依照對自己嚴苛的程度，訂下自己的標準。像是一天不能犯超過三項，或是連續兩天加起來不能犯超過六項。

　　以不能連續兩天加起來犯超過六項為例，意思就是說，如果今天星期一上班看了很多電腦，犯了第一項，那下班之後，如果又跟朋友去吃麻辣鍋又喝酒，而回家後因為吃太飽，說實在也不適合再去運動，所以星期一就犯了四項。這樣一來，星期二因為還要上班，眼睛仍然需要長時間看電腦，那星期二就必須限制自己在其他四項中，最多只能挑一項來做。如果跟同事去小酌了，那就不可以再吃刺激性食物，也絕不可以吃太多不運動，也絕不可以晚回家又熬夜。

| 在意的事：健康<br>規則：連續兩天加起來不能犯超過6項（6個叉叉） | | | | | | | |
|---|---|---|---|---|---|---|---|
| | 星期一 | 星期二 | 星期三 | 星期四 | 星期五 | 星期六 | 星期日 |
| 用眼過度 | ✕ | ✕ | ✕ | ✕ | ✕ | | |
| 熬夜晚睡 | | | | | | ✕ | |
| 喝酒 | ✕ | ✕ | | | | ✕ | ✕ |
| 刺激性食物 | ✕ | | | ✕ | | ✕ | |
| 不運動 | ✕ | | | ✕ | | | |
| 叉叉數 | 4 | 2 | 1 | 3 | 1 | 3 | 1 |

　　雖然我們為了工作需要有所付出，但也不能在任何一方面都沒有節制的不斷消耗。這個表之中需要多少項目，可以承受多少個叉叉，你可以依你自己對自己嚴格的程度來訂。像是一天不能超過幾個叉叉、連續幾天不能超過幾個叉叉、一週不能超過幾個叉叉都可以。總之，就是不能對自己毫無管制。

## 如何均衡家庭的付出？

再從家庭的例子來看看，熟悉我的人都知道我有兩個小朋友，對家長來說，小朋友絕對是生活中非常重要的部份。對於小朋友，我珍惜的時光有哪些，我先把它列出來：

☑ 一起吃晚餐
☑ 一起睡覺
☑ 一起遊戲
☑ 一起學習
☑ 一起聊天

我下班時間較晚，平日要一起吃晚餐不太容易，所以我訂下「平日至少達成一項、假日至少達成三項」的規則。

**在意的事：陪小朋友**
**規則：平日至少達成一項、假日至少達成三項**

| | 星期一 | 星期二 | 星期三 | 星期四 | 星期五 | 星期六 | 星期日 |
|---|---|---|---|---|---|---|---|
| 一起<br>吃晚餐 | | | | | | ○ | ○ |
| 一起<br>睡覺 | | | | ○ | ○ | ○ | ○ |
| 一起<br>遊戲 | ○ | ○ | | | ○ | | ○ |
| 一起<br>學習 | | ○ | | | | ○ | |
| 一起<br>聊天 | | | ○ | | | | |
| 圈圈數 | 1 | 2 | 1 | 1 | 2 | 3 | 3 |

**該付出的，你想怎麼付？安排你的部分犧牲**

　　輪到你了。或許你沒有小孩，或許你沒那麼在意健康，除了工作，你還在意的像是興趣與休閒、進修與閱讀、部落格或影片產出，這些都是一起和工作在消耗時間的項目，都可以用這樣的方法來做管理。

| 在意的事：<br>規則： | 星期一 | 星期二 | 星期三 | 星期四 | 星期五 | 星期六 | 星期日 |
|---|---|---|---|---|---|---|---|
|  |  |  |  |  |  |  |  |
|  |  |  |  |  |  |  |  |
|  |  |  |  |  |  |  |  |
|  |  |  |  |  |  |  |  |
| 總分 |  |  |  |  |  |  |  |

　　健康、家庭，或是你的朋友、休閒、興趣都是你的玻璃球。將所選擇的犧牲反過來看，沒有犧牲掉的，就是你為它做了保留。這些保留，讓你跟這些玻璃球不會完全絕緣，讓你跟這些玻璃球保持接觸，也能讓你隨時對這些玻璃球有所感受。

　　有了這些感受，你才有辦法衡量生命中什麼是對你重要的。面對下一項工作來臨時，你才能清楚知道，你要拿出每個玻璃球中的多少比例，來面對無止境的挑戰。

**人生或許很難做到真正的平衡**
**但至少我們可以理性的做出取捨與犧牲**

# 選擇

## 念錯科系、選錯工作怎麼辦？

有天下午，有個難得的空檔

最近有部電影一直想看，時間又剛好

馬上買了電影票，準備享受這難得的午后

螢幕開始播影片，嘴巴開始吃爆米花

爆米花才吃幾口，我就覺得電影不怎麼好看

原本對這部電影充滿期待
但看了之後才發現跟期待的不一樣

這時候，我有兩個選擇

即來之，則安之，花了時間花了錢
我可以勉強自己把電影看完

我也可以馬上離開電影院
把剩下的寶貴時光，用來做更有意義的事

這樣的難題，你是不是似曾相識？

一開始喜歡的科系，念了才知道不喜歡

原本有興趣的工作，做了才驚覺不是這樣

食之無味，棄之可惜
留或不留，這個問題永遠在困擾你

科系或工作，一開始都是你可以選擇的

選了之後才發現選錯，也是在所難免

每個人狀況不同，我沒辦法給你標準答案

現在,請你先想想
大學與工作,對你的意義是什麼?

一個下午,如果只是想自由自在消磨時間

那麼電影再不喜歡,還是可以輕鬆看完

一個下午,如果是彌足珍貴想要過得充實

那就要趕快走出去,別再虛耗任何一秒

選科系，真正的本質是學習有興趣的知識

但只想要學歷，也是很多人念大學的理由

找工作，最棒的是發揮熱情做出貢獻

但為了錢而放棄熱情，更是大有人在

念錯科系怎麼辦？選錯工作怎麼辦？

微簡報我做了這麼多篇
沒有一篇可以回答你

人生不能盡如人意，我不講你也知道

我教科學是教方法，不是給答案

這本書是在講思路，不是叫你走哪條路

我不知道你在大學想得到什麼？

我不知道熱情跟錢對你哪個重要？

我也不知道你看到不喜歡的電影
會不會瀟灑的走出去？

科系與工作對你的意義，只有你自己知道

為興趣、為學歷、為薪水、為爸媽
每個人想要的都不一樣

搞清楚自己要什麼，你才能夠做出選擇

X博士微簡報
念錯科系、選錯工作怎麼辦？

**做錯選擇十常八九，不要忘記選擇的初衷
接受選擇或是放棄選擇，做出你的最佳選擇**

科學X博士

人生，不外乎就是一個又接著一個的選擇，而選擇困難的地方，就是在於期待的事太多，在意的事太多，擔心的事太多，害怕的事更多。

大家都知道，想要得到，就要有付出。有收穫，就一定要有耕耘。如果真的是一分耕耘，一分收穫倒也還甘願。怕的是這年頭，很多時候是十分耕耘，結果連一分收穫都沒有。

這個時代時間太寶貴，有時候不是我們不願意嘗試，也不是我們不願意給自己一個機會，而是做任何一個嘗試，給任何一個機會的時候，都需要付出許多的努力，而這些努力，也會伴隨著需要我們付出大量的時間。這些時間，我們「付不起」。

也因為這樣，做出一個正確的選擇，把自己最珍貴的資源投到一個對的選擇，就變得非常，非常的重要。

「對的選擇」這個想法在前面實驗 004 有提到，有時候一個選擇是對的，可能是來因為你在做了選擇之後，用盡了你的努力，把這個選擇導向了一個好的結果。因此，這個選擇是對的，是來自你的努力。實驗 004 說的，努力可以讓你的選擇變對，人生的安排會是最好的安排。

實驗 004 說的是選擇之後的事。那，你一定還會想問，有沒有什麼比較好的方法，可以在做選擇的當下，就直接做出一個對的選擇？我會說，可以啊！

**但我們必須要認真看待一下
「對的選擇」，到底是什麼意思？**

## 拆解「做選擇」這個動作

想要談「對的選擇」，要注意以下幾點：

 ### 要有選的資格

首先，你必須要是真的有選擇，像是你畢業後想要就業，但你媽非要你繼續升學，而你百分百不會違背你媽。這不算，這叫沒選擇，你能做的只有把它變成最好的選擇，但你沒有選的資格。

### 確認選項

你的選擇必須包含的是不同的選項，而不是選或不選。如果你的選擇是「要不要出國留學？」、「要不要辭職？」這種看起來好像是要與不要的選擇的話，那他的選項應該是「出國留學，還是維持現狀？」、「辭職，還是維持現狀？」。選擇也可以是兩個以上，像是「去 A 國留學、去 B 國留學、維持現狀？」，或者是「辭職去 A 公司、辭職去創業、維持現狀？」等等。

### 考慮的因素

也就是這些選擇讓你在意的事情，像是自由、成就感、長輩觀感、穩定薪資、家人相處、就是很想要離開家等等都算，找張紙把它一個一個列出來，重不重要都沒關係，有幾個就想幾個。要注意的是，在意的事都要用正面來描述，就像如果你討厭加班，就寫成「不用加班」，也就是「越不用加班，越好」；你很介意花時間在通勤，就寫「距離近」，也就是「越近、越好」。

## 這些因素，你有多在意

從 1 到 10 分，描述你對每一件事在意的程度，最在意的算 10 分，第二在意的算 9 分，最不在意的算 1 分。一樣在意的話填一樣的分數沒有關係，但你不能說每件事你都一模一樣超級在意，總是有多在意一點，少在意一點的，可以同分，但不要有太多同分的。

## 定義什麼是「對的選擇」

這裡所謂對的選擇，指的並不是選下去之後一定會飛黃騰達、一帆風順、身體健康、萬事如意。我不是不相信這種事情存在，而是這種事情不叫選擇，而是好運。這邊說的對，指的是「考慮了當下所有的因素，挑選出最合適的選項」。這裡的對，指的是理性、可評估。

## 理性分析你的選擇

　　我先用一個模擬的例子來看，有一個人在公家機關工作做了很多年，工作內容還算不討厭，但工作中有許多公務機關的煩文縟節非常不習慣。同時，他身份是約聘人員，他很期待未來有一天可能可以轉成正職。而朝九晚五工作久了，很期待下一個工作時間可以自由調配。另外，因為他本身很喜歡小朋友，剛好有個好朋友想要開安親班，找他一起合作創業，不過他對創業沒什麼興趣，如果真的要做安親班，他比較想當安親班老師，不想當安親班老闆。

以這個例子來說，這個人在意的有：

- ☑ 期待有穩定的薪資(8分在意)
- ☑ 不要煩文縟節(5分在意)
- ☑ 做小朋友的相關工作(7分在意)
- ☑ 不要當老闆(5分在意)
- ☑ 可調配的時間(6分在意)

　　上面的部份，就是後面表中 A 的部份。

這個人的選擇有：

- ☑ 繼續在現在的公務機關
- ☑ 跟朋友一起創業做安親班
- ☑ 去其他安親班當老師

　　上面的部份，就是後面表中 B 的部份。

這樣的情況下，這個表會變成這樣：

沒那麼多在意的事，就空著

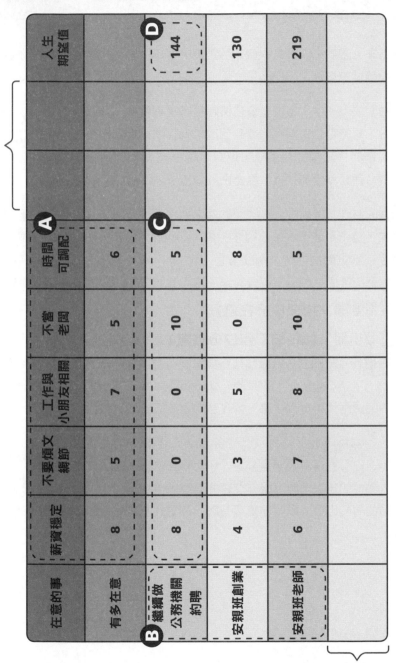

| 在意的事 | 薪資穩定 | 不要繁文縟節 | 工作與小朋友相關 | 不當老闆 | 時間可調配 | | | 人生期望值 |
|---|---|---|---|---|---|---|---|---|
| 有多在意 | 8 | 5 | 7 | 5 | 6 | | | |
| 繼續做公務機關約聘 | 8 | 0 | 0 | 10 | 5 | | | 144 |
| 安親班創業 | 4 | 3 | 5 | 0 | 8 | | | 130 |
| 安親班老師 | 6 | 7 | 8 | 10 | 5 | | | 219 |

沒那麼多可以選的，就空著

**你的選擇vs.你在意的**

接下來，我們來評估每一個你的選擇，從你的角度來看，到底跟你在意的事相關性有多大。

在前面的例子中，繼續做公務機關約聘這個選擇，如果沒有意外，暫時可以每個月繼續領到固定的薪水，但約聘的工作也可能有一天忽然就沒了，所以，公務機關約聘這個選擇，對於薪資穩定的期待，從自己的角度來看，給它「8分」。

同樣的道理，繼續做公務機關約聘這個選擇，不可能沒有文書往來的煩文縟節，也不可能可以跟小朋友相處，所以給它「0分」。這個選擇完全符合了不當老闆的期待，所以給它「10分」，而有沒有可調配的時間，因為雖然天天朝九晚五，不像直銷一樣可以自己安排時間，但天天準時下班也是個優點，所以自己給它「5分」。

這樣一來，在公務機關繼續做約聘人員，跟自己每一個介意的事，就建立起一個量化、可評估的連結了。也就是表中C的部份。同樣的方法，也可以將安親班創業，還有去當安親班老師這兩個選擇，在每一個在意的事上打分數。

好了，到目前為止，我們已經整理了「你在意的事有哪些」、「你有多在意這些事」、「你有哪些選擇」、「你的選擇，從你的角度來看，跟你在意的事有多少關聯」，這些都從你的內心出發，只要你覺得有關，你覺得重要，它就是有關，它就是重要。

**為你的每一個選擇打分數**

　　如果能給每一個選擇打個分數，那就可以從分數的高低，來判斷哪個選擇比較好。首先，將有多在意的數字 ( 也就是 A)，「乘上」某個選擇對自己在意的事情有多少相關性 ( 也就是 C)，然後再把它們全部加起來。以繼續在公務機關做約聘這個選擇來說，我們把它做個計算：

$$8×8 + 5×0 + 7×0 + 5×10 + 6×5 = 144$$

　　這樣的方法，在統計學與機率上叫做「期望值」。144，就是「繼續做公務機關約聘」這個選擇的期望值。當然，我只是把一個人生的選擇，藉用了科學的方法來做分析。這個數字，代表「這個選擇跟你所有在意的事的達成程度」。分數越高，表示這個選擇跟你心中想要的越接近。我把它稱為「人生期望值」。

　　同樣的，我們也可以算出「安親班創業」、「安親班老師」這兩個選擇的人生期望值

　　安親班創業：
$$8×4 + 5×3 + 7×5 + 5×0 + 6×8 = 130$$

　　安親班老師：
$$8×6 + 5×7 + 7×8 + 5×10 + 6×5 = 219$$

　　從這張表的分析來看，這個人現在這三個選擇，應該是當安親班老師是最佳選擇，而跟朋友一起開安親班最不適合。

或許你會說，人生還有很多要考慮的，哪能隨便用這樣一個表，就來幫人生做一個重要的決定。

我這樣講好了。人生本來就有很多自己沒辦法想到的事，我們都不敢說自己有多了解自己。自己會在意哪些事，當然也就沒辦法全部都列得很清楚。但，這個擔心是可以一步一步優化，一步一步排除，一步一步逼近真實的。

做選擇的過程中你可能會發現，人生期望值算出最高的那個答案，如果覺得跟你預期的不太一樣的話，那有幾種可能：

**第一，自己不夠誠實。**

或許表格中有一個自己在意的事是成就感，也有一個是薪水，自己原本以為成就感對我們的重要性大於薪水，但實際上把薪水看得比什麼都重。回答的越誠實，越準。

**第二，我們想得不夠仔細。**

我們填了很多我們想要的，但其實還有一些是我們沒有考慮到的。這時候，不要把選擇放太少，以這個例子來說，可以把第四想要的，或是其他夢想選擇放進去，像是開一間咖啡店。

雖然這可能遠比前三個選擇弱很多，但他潛在的隱藏了某種你在意的事。可能是受人尊重，可能是工作自主性，也可能是虛榮心。把想做的選擇多填幾個，就可以再找出內心其他自己沒發現，卻又很在意的事。

人生期望值看起來是個公式，看起來是純理性。但只要在在意的事中，加入「跟家人不要分開住」、「跟男（女）朋友不要離太遠」，它還是可以把我們感性的一面放到這個表格中。

也就是說，我們在用理性思考時，也把感性的變因放進去了。或許人生期望值不能代表一切，但已經比盲目的憑感覺做選擇，來得理智多了。

　　你的人生期望值的表格，不一定是照著書上給的格子來填，你可能有很多很多想要的，也有很多很多選擇。多填幾次，你就會越來越了解自己，也對自己的選擇越來越有信心。

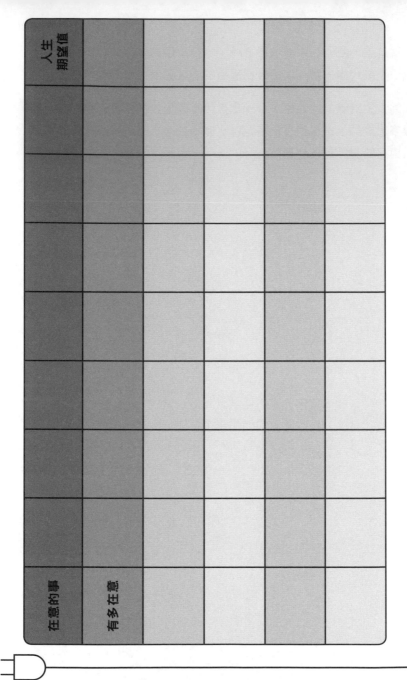

| 人生<br>期望值 | | | | | |
|---|---|---|---|---|---|
| | | | | | |
| | | | | | |
| | | | | | |
| | | | | | |
| | | | | | |
| | | | | | |
| 在意的事 | 有多在意 | | | | |

誠實面對你內心的每一個聲音

做出的選擇，就會是你最正確的選擇

# 感受

## 我是不是以為我已經懂了？

我們常常聽到有人會這樣來看事情，「房子能買就用買的，租了半天房子還是別人的」、「買車的錢拿來坐計程車，坐幾年都划得來」、「出國坐廉航住民宿就好，能省錢為什麼要多花錢」。

一件事情會有不同的選擇方式，有人會覺得這樣好，也有人覺得那樣好。在思考要選擇 A 與選擇 B 而感到煩惱的時候，常常會有人用「當然是選擇 A 比較好啊！因為選擇 B 怎麼怎樣」這樣的句型來表達想法。

雖然我很希望大家都能夠理性思考，但我要的不是大家死板板，一就是一、二就是二。我想說的理性，就是大家在決定或思考一件事的時候，不要只考慮單一的層面，像是省錢、省事、簡單、快速，會有人選擇花錢、費工、麻煩、費時，一定也有它的道理。只是這道理，你沒有體驗過，所以你不懂。

面對沒有經驗過的事情時，你沒有依據可以判斷它該不該、要不要、對不對時，你怎麼辦？

的確，這個問題我無解，我沒辦法為一個沒有體驗過的經驗，設計出一個可以判斷它價值的方法。一件事情如果自己清楚知道自己經驗不足，知識不足，感受不足，所以不知道該怎麼為它下判斷的話，其實，那還好。最怕的，是自己明明不知道，還以為自己都知道，然後用那個自己以為知道的條件，為事情做出不合適的判斷。

接下來要進入微簡報，但我先說在前面，最後這篇微簡報在讀的過程中有些互動在裡面，我希望你能真的參與這個互動，這個互動，你如果想都沒想就翻過去，這個互動想要給你的感受，就算重看一次也回不來了。第一次真好，不要糟塌第一次翻過去的體驗！

同時，這也是最後一個章節了，我把平常我在「科學 X 博士」臉書、YouTube、Line（ID：@doctorx9000）呈現微簡報的樣子，完整的給大家看看。

YouTube X博士微簡報010
發人深省的一題數學
Slide by 科學X博士
Pic: Noun Project

科學X博士

我想用一題數學，來傳達一個想法

---

科學X博士

87

大家數學能力都差不多，應該沒問題

---

科學X博士

$$3^2 = 9$$

這個你會吧？

---

科學X博士

$$\sqrt{9} = 3$$

這個也會吧？

---

科學X博士

$$4! = 4 \times 3 \times 2 \times 1 = 24$$

這是階乘，不知道你記不記得？

---

科學X博士

複習完畢，真正的題目要來了

9　9　9

接下來的答案中，一定要有三個9

9̶9̶　9　9̶9̶9

不能多也不能少，剛剛好有三個9

用三個9，配上你會的數學符號得到答案

當我說，請你給我3

$$\sqrt{9}+\sqrt{9}-\sqrt{9}$$

你就要回答出這樣的答案

請你給我2

$$\frac{9+9}{9}$$

你就要回答出這樣的答案

問題出現，暫停下來稍微想一想

拿出紙筆，可以幫助你思考

不要等著看答案，才能感受我想傳達的

準備好了嗎？開始

# 9

## 請你給我9

# 12

## 請你給我12

# 6

## 請你給我6

好了，接下來是最後一題

1 6 7 5 4 8 2
3 12 10 11 9

$$\underbrace{9\ 9\ 9}$$

請把1到12的數字，全都用三個9湊出來

真心勸你暫停下來，不要直接看答案

好了，公佈答案

花點心思，把答案看一下

---

$1 = \left( \dfrac{9}{9} \right)^9$

$2 = \dfrac{9+9}{9}$

$3 = \sqrt{9}+9-9$

$4 = \dfrac{\sqrt{9}}{\sqrt{9}}+\sqrt{9} = \dfrac{9}{9}+\sqrt{9}$

$5 = \sqrt{9}! - \dfrac{9}{9} = \sqrt{9}! - \dfrac{\sqrt{9}}{\sqrt{9}}$

$6 = \dfrac{9}{\sqrt{9}}+\sqrt{9} = 9 - \dfrac{9}{\sqrt{9}}$

$7 = \sqrt{9}! + \dfrac{9}{9}$

$8 = 9 - \dfrac{9}{9}$

$9 = 9 \times 9 \div 9 = 9+9-9 = \dfrac{9}{9} \times 9 = \sqrt[9]{9^9}$

$10 = \dfrac{9}{9}+9 = 9+\dfrac{\sqrt{9}}{\sqrt{9}}$

$11 = \dfrac{99}{9}$

$12 = 9 + \dfrac{9}{\sqrt{9}}$

---

$$4 = \dfrac{\sqrt{9}}{\sqrt{9}}+\sqrt{9} = \sqrt{9}+\dfrac{9}{9}$$

$$9 = 9 \times 9 \div 9 = 9+9-9 = \dfrac{9}{9} \times 9 = \sqrt[9]{9^9}$$

你忽然發現，有些解答可以不只一個

但你想到一個答案後，就自動停下來了

是不是考試的題目，通常只有一個答案？

1 2 3 4 5 6
7 8 9 10 11 12

你沒有去想，哪些數字的答案不只一個？

是不是你只會接受問題，不會發現問題？

# 13

你解完1到12，沒有去想過13行不行？

是不是你的視野，完全被限制在題目裡？

局限的思維、僵化的思考
可怕的是你卻習以為常

在考場中，你是寫考卷，還是出考卷？

在職場中，你是領薪水，還是發薪水？

在這個社會上，你是守規則，還是定規則？

不願多挖一層、不肯多踏一步
魯蛇生活其實也會過得很習慣

**視野需要開拓，思考需要活化
打開所有感官，用心感受一切的刺激**

是啊，其實我自己也考慮了很久。我用 X 博士微簡報來傳達我的想法，初衷還是希望透過這樣的圖文表現方式，讓大家能夠注意到一些本來沒有注意到的事。知行合一，「知」與「行」同樣重要。大家看完了這本書，知道了我想要傳達的想法，然後呢？

這是一本好消化的書，翻著翻著，很可能不知不覺就從第一頁就翻到這一頁了。好消化的目的，不是讓人很快把這本書看完，很快了解我想傳達的內容。好消化的目的，是希望大家了解這些內容之後，如果也覺得這些方法很不錯，如果也覺得這些內容有道理，就趕快把這些方法拿起來用，把這些內容套用到自己的生活中。

如果本書的讀者是實驗 001 中的第一種人，只是把學習當成是休閒的手段，那現在目的已經達到，這本書已經夠休閒了。

我最不希望的，是大家成為實驗 001 中的第二種人，明明花了錢，花了時間，卻落入了學無止境的深淵。學習的終點不該是看完、讀完、聽完、學完就結束，而是融入，而是內化，更是學以致用。

如何從實驗 001 中的第二種人，進化成第三種人，其中一個方法，就是實做。大家都會說要學以致用，要知行合一。看完了前面的某個實驗，可能剛好符合到自己的某個問題，但我不知道大家是直接翻到下一個實驗繼續看，還是真的拿起紙筆，用書中的實驗方法對自己的困境進行探究？

就像實驗 016，其實就只是一個數學遊戲。如果沒有在每個問題停下來認真想，就沒辦法感受到我想帶給大家的感受。不過沒有關係，實驗 016 只是一題數學，認真做有認真做的感受，直接看答案也有直接看答案的感受。但前面的實驗，很可能就是大家的問題，是大家的人生。

所以，前面的實驗如果大家沒有好好做的話，還有機會，把書翻到實驗 001，我們一起再重新感受一次吧！

蕭俊傑—科學 X 博士

【 View職場力 】2AB949

# 人生實驗室：職涯難題的邏輯圖解說明書

國家圖書館出版品預行編目資料

人生實驗室：職涯難題的邏輯圖解說明
書 / 蕭俊傑 著． -- 初版． -- 臺北市：
創意市集出版 ：
城邦文化發行， 民 108.9
面； 公分
ISBN　978-957-9199-62-9（平裝）
1. 職場成功法 2. 人生哲學
494.35　　　　　　　　　　108011044

作者／蕭俊傑 ・ 責任編輯／黃鐘毅 ・ 版面構成／江麗姿 ・ 封面設計／走路花工作室 ・ 行銷企劃／
辛政遠、楊惠潔 ・ 總編輯／姚蜀芸 ・ 副社長／黃錫鉉 ・ 總經理／吳濱伶 ・ 發行人／何飛鵬 ・ 出版
／創意市集 ・ 發行／城邦文化事業股份有限公司 ・ 歡迎光臨城邦讀書花園 ・ 網址：www.cite.com.
tw ・ 香港發行所／城邦（香港）出版集團有限公司 香港灣仔駱克道 193 號東超商業中心 1 樓 電話：
(852) 25086231 傳真：(852) 25789337 E-mail：hkcite@biznetvigator.com ・ 馬新發行所／城邦（馬
新 ） 出 版 集 團【 Cite(M)Sdn Bhd 】 41,jalan Radin Anum, Bandar Baru Sri Petaling, 57000 Kuala
Lumpur,Malaysia. 電話：(603) 90563833 傳真：(603) 90562833 E-mail:cite@cite.com.my ・ 印刷／
凱林彩印股份有限公司 ・ 2019 年 ( 民 108) 9 月 初版一刷 Printed in Taiwan. ・ 定價／ 320 元

如何與我們聯絡：

1. 若您需要劃撥購書，請利用以下郵撥帳號：郵撥
帳號：19863813　戶名：書虫股份有限公司
2. 若書籍外觀有破損、缺頁、裝訂錯誤等不完整現
象，想要換書、退書，或您有大量購書的需求服
務，都請與客服中心聯繫。
客戶服務中心
地址：10483 台北市中山區民生東路二段 141 號 B1
服務電話：（02）2500-7718、
　　　　　（02）2500-7719
服務時間：週一至週五 9：30 ～ 18：00
E-mail：service@readingclub.com.tw

※ 詢問書籍問題前，請註明您所購買的書名及
書號，以及在哪一頁有問題，以便我們能加快處
理速度為您服務。
※ 我們的回答範圍，恕僅限書籍本身問題及內
容撰寫不清楚的地方，關於軟體、硬體本身的問
題及衍生的操作狀況，請向原廠商洽詢處理。
※ 廠商合作、作者投稿、讀者意見回饋，請至：
FB 粉絲團：http://www.facebook.com/
　　　　　 InnoFair
Email 信箱：ifbook@hmg.com.tw